涡流检测干扰抑制与缺陷定量评估技术

张玉华 孙慧贤 王长龙 胡永江 著

国防工业出版社

·北京·

内 容 简 介

本书以航空工业领域的应用研究为背景,对飞机机体及发动机等特殊部件涡流检测理论、技术及工程应用实践进行了研究。从理论角度,基于线圈磁链构建了复杂边界条件下三维涡流场-电路耦合计算模型;导出了 n 层导体脉冲涡流检测瞬态响应信号的计算表达式,为涡流检测信号的理论解释及其逆问题研究奠定了基础。从应用角度,针对曲面导体检测干扰问题,提出了基于"相位旋转"特征的提离和倾斜干扰抑制方法;针对盘孔类构件应力裂纹检测问题,设计和评估了绝对式、差分式和正交式3种结构形式的探头;针对多层导体结构检测提离干扰极易淹没表面下缺陷信号,造成缺陷识别困难的问题,提出了基于"相位跳变点"进行有提离干扰情况下的缺陷识别方法。从技术融合角度、原理层面探讨了脉冲涡流检测与交变磁场测量集成,提出了基于空间-时间联合的多维测量及缺陷评估方法。

本书适合于低频电磁场计算及无损检测应用相关专业的研究生及教师阅读,也可作为航空航天、机械制造、石油化工、汽车舰船、核动力等工业领域从事无损检测研究人员的参考用书。

图书在版编目(CIP)数据

涡流检测干扰抑制与缺陷定量评估技术/张玉华等著. —北京:国防工业出版社,2023.1
ISBN 978-7-118-12710-2

Ⅰ.①涡… Ⅱ.①张… Ⅲ.①涡流检验 Ⅳ.①TG115.28

中国国家版本馆 CIP 数据核字(2023)第 022462 号

※

国防工业出版社出版发行
(北京市海淀区紫竹院南路23号 邮政编码100048)
天津嘉恒印务有限公司印刷
新华书店经售

*

开本 710×1000 1/16 插页5 印张 10¼ 字数 186 千字
2023 年 1 月第 1 版第 1 次印刷 印数 1—1500 册 定价 79.00 元

(本书如有印装错误,我社负责调换)

国防书店:(010)88540777　　书店传真:(010)88540776
发行业务:(010)88540717　　发行传真:(010)88540762

前　言

  无损检测是一门综合性应用科学,它以不改变被检测对象的状态和使用性能为前提,应用物理理论和方法,对各种工程材料、零部件和产品进行有效的检验和测试,借以评价它们的完整性、连续性、安全可靠性及力学、物理性能等。涡流检测属于五大常规无损检测技术之一,因其检测操作具有无须耦合剂、无接触、对人体无辐射危害等优点,在航空工业领域设备结构探伤及安全性评估方面得到了极其广泛的应用。

  随着理论技术的深入发展以及检测需求的日益增长,涡流检测在理论计算、信号处理、探头设计及工程应用方面不断创新,并在常规检测手段基础上发展出新的分支——脉冲涡流检测技术。该技术采用瞬态脉冲作为激励,具备了更深层缺陷的检测能力,因此在国内外研究及工程实践领域日益引起重视和关注,但同时在理论建模和信号分析上也遇到了更大的挑战。

  在国家自然科学基金项目(51307183)资助下,作者结合多年相关科学研究和思考,以解决涡流检测在航空工业领域应用中遇到的突出性问题出发,从理论和实践两个层面对常规涡流检测和脉冲涡流检测做了较为系统的研究,结合研究成果撰写了本书,全书共分为7章。第1章绪论,介绍涡流检测在工业领域装备检修及安全评估中的应用以及技术发展趋势;第2章针对涡流检测理论计算中缺失外电路约束,与工程实践结合不紧的问题,基于线圈磁链构建了复杂边界条件下的三维涡流场－电路耦合计算模型;第3章针对小曲率半径弧面导体检测中探头提离或倾斜等强干扰的抑制问题,结合数值模型和实验研究,提出了基于"相位旋转"特征的干扰抑制方法;第4章针对发动机结构中异型构件易产生的应力裂纹检测问题,设计和评估了3种结构形式探头及其检测性能,并提出了盘孔结构检测探头偏移干扰的抑制方法;第5章建立了层叠导体脉冲涡流检测瞬态响应的理论计算模型,导出了 n 层导体瞬态感应信号的计算表达式,为脉冲涡流检测信号的理论解释及其逆问题研究奠定了基础;第6章针对提离等强干扰下脉冲涡流检测的缺陷识别问题,分析了时－频域信号相位特性,提出了利用"相位跳变点"进行有提离干扰情况下缺陷识别的新方法;第7章探讨了脉冲涡流检测与交变磁场测量集成技术,研究了"均匀场"作用模式下多维测量,提出了基于时间-空间联合分布特征的缺陷定量评估方法。

由于作者水平有限,虽尽严谨治学之态度,但难免存有错漏和不当之处,敬请广大读者批评、指正,并欢迎交流讨论。

目　　录

第1章　绪论 …………………………………………………………………… 1

1.1　概述 ………………………………………………………………… 1
1.1.1　无损检测作用及意义 …………………………………………… 1
1.1.2　涡流无损检测技术优势 ………………………………………… 2

1.2　涡流检测技术研究现状 ……………………………………………… 3
1.2.1　应用发展 ………………………………………………………… 3
1.2.2　理论计算 ………………………………………………………… 6
1.2.3　干扰抑制 ………………………………………………………… 7

1.3　本书主要内容 ………………………………………………………… 8

参考文献 ………………………………………………………………………… 10

第2章　三维涡流场-电路耦合建模及计算方法 ……………………………… 13

2.1　引言 …………………………………………………………………… 13

2.2　涡流场计算中的电磁场理论基础 …………………………………… 14
2.2.1　电磁场边值问题的确定性数学表述 …………………………… 14
2.2.2　用位函数描述一般性涡流场定解问题 ………………………… 15

2.3　三维涡流场-电路耦合的数学模型 …………………………………… 17
2.3.1　三维涡流场数学模型 …………………………………………… 17
2.3.2　涡流线圈电路约束方程 ………………………………………… 19
2.3.3　基于线圈磁链的场-路直接耦合法 …………………………… 19

2.4　三维涡流场-电路耦合计算的有限元法 ……………………………… 20
2.4.1　电磁场计算中有限元法的应用发展 …………………………… 20
2.4.2　两种典型情况场-路耦合有限元方程 ………………………… 20

  2.4.3 涡流场-电路耦合求解的具体实现 ·················· 25
 2.5 小结 ··· 29
 参考文献 ··· 30

第3章 曲面导体检测提离和倾斜干扰分析及抑制 ············ 31

 3.1 引言 ··· 31
 3.2 求解模型建立及计算方法 ································· 32
 3.3 放置式线圈探头提离效应分析 ·························· 33
  3.3.1 试件形状及曲率产生的附加提离 ················ 33
  3.3.2 表面放置式线圈提离轨迹特征 ··················· 35
  3.3.3 提离干扰对缺陷检测的影响 ······················ 37
  3.3.4 缺陷信号旋转变化的物理解释 ··················· 39
 3.4 放置式线圈探头倾斜效应分析 ·························· 40
  3.4.1 线圈倾斜时的电磁耦合作用 ······················ 40
  3.4.2 探头倾斜和提离阻抗轨迹对比 ··················· 42
  3.4.3 探头倾斜增大引起的检测干扰 ··················· 44
 3.5 基于"相位旋转"的干扰抑制方法 ······················ 45
 3.6 电桥电路对检测的影响分析 ····························· 47
  3.6.1 线圈阻抗与桥路电压的联系 ······················ 47
  3.6.2 接电桥电路时的干扰抑制 ························· 50
 3.7 实验验证及讨论 ·· 52
  3.7.1 实验系统实现 ······································ 52
  3.7.2 传感器设计和制作 ································ 56
  3.7.3 实验结果分析 ······································ 59
 参考文献 ··· 61

第4章 盘孔结构径向应力裂纹检测及干扰消除 ·············· 62

 4.1 引言 ··· 62
 4.2 盘孔径向裂纹检测机理 ································· 63

  4.2.1 裂纹走向与探头结构设计 ·· 63
  4.2.2 求解模型建立及计算方法 ·· 65
 4.3 检测灵敏度的改善因素 ·· 65
  4.3.1 激励线圈最佳高度选择 ··· 66
  4.3.2 线圈内径与检测灵敏度 ··· 67
  4.3.3 线圈外径与检测灵敏度 ··· 68
  4.3.4 检测频率对灵敏度的影响 ·· 68
 4.4 三类探头检测性能对比 ·· 69
  4.4.1 绝对式探头检测性能 ·· 69
  4.4.2 差分式探头检测性能 ·· 71
  4.4.3 正交式探头检测性能 ·· 72
  4.4.4 三种探头灵敏度对比 ·· 74
 4.5 探头偏移干扰及其抑制 ·· 75
 4.6 检测实验及讨论 ··· 76
  4.6.1 绝对式探头检测结果 ·· 77
  4.6.2 差分式探头检测结果 ·· 79
 参考文献 ·· 80

第5章 层叠导体脉冲涡流探头瞬态响应理论计算 ······································ 82

 5.1 引言 ·· 82
 5.2 求解模型建立及计算方法 ··· 83
 5.3 层叠导体结构上探头响应信号的时谐场求解 ··· 84
  5.3.1 反射系数的矩阵表达式 ··· 84
  5.3.2 层叠导体的反射磁场 ·· 88
  5.3.3 检测线圈的感应电压 ·· 89
  5.3.4 激励线圈中的电流 ··· 90
 5.4 用快速傅里叶变换计算探头的瞬态响应信号 ··· 90
  5.4.1 确定径向求解区域 ··· 90
  5.4.2 确定级数总求和项 ··· 91

####### 5.4.3 计算贝塞尔函数积分 ········· 91
5.5 计算实例与结果对比 ········· 92
####### 5.5.1 瞬态涡流场有限元时步法 ········· 93
####### 5.5.2 两种方法的计算结果对比 ········· 97
参考文献 ········· 100

第6章 多层导体检测提离干扰抑制及缺陷识别 ········· 102

6.1 引言 ········· 102
6.2 瞬态场-电路耦合求解模型的建立 ········· 103
6.3 缺陷信号及提离干扰的时-频域分析 ········· 104
####### 6.3.1 缺陷特征变化的成因剖析 ········· 104
####### 6.3.2 探头提离干扰的信号表现 ········· 107
####### 6.3.3 混杂了干扰的缺陷信号变化 ········· 108
6.4 用相位特性进行缺陷识别的理论基础 ········· 109
6.5 缺陷信号和提离干扰的相位特征提取 ········· 111
####### 6.5.1 双树复小波变换滤波器实现 ········· 111
####### 6.5.2 信号时间-尺度上的相位变化 ········· 114
####### 6.5.3 用"相位跳变点"识别缺陷 ········· 116
6.6 实验验证及讨论 ········· 118
####### 6.6.1 实验系统实现 ········· 118
####### 6.6.2 探头设计与制作 ········· 119
####### 6.6.3 实验结果分析 ········· 120
参考文献 ········· 122

第7章 脉冲涡流检测多维测量及缺陷定量评估 ········· 124

7.1 引言 ········· 124
7.2 涡流场作用模式对比分析 ········· 125
####### 7.2.1 常规涡流探头作用模式 ········· 125
####### 7.2.2 交变磁场测量作用原理 ········· 128

  7.3 均匀场特性分析及探头设计 ………………………………………… 131
    7.3.1 均匀感应场分布特性 …………………………………… 131
    7.3.2 激励线圈优化设计 ……………………………………… 134
  7.4 基于多维测量的缺陷定量评估 ………………………………………… 136
    7.4.1 空间特征与缺陷大小 …………………………………… 136
    7.4.2 时域响应与缺陷纵深位置 ……………………………… 142
    7.4.3 多缺陷同时存在的检测 ………………………………… 144
  7.5 实验验证及讨论 …………………………………………………………… 147
    7.5.1 探头设计与制作 ………………………………………… 147
    7.5.2 实验结果分析 …………………………………………… 148
参考文献 ……………………………………………………………………………… 150

第1章 绪 论

1.1 概 述

1.1.1 无损检测作用及意义

无损检测(Nondestructive Testing,NDT)是一门新兴的综合性应用科学。它以不改变被检测对象的状态和使用性能为前提,应用物理理论和方法,对各种工程材料、零部件和产品进行有效的检验和测试,借以评价它们的完整性、连续性、安全可靠性及力学、物理性能等[1-2]。由于无损检测具有不破坏试件,甚至无须改变试件的工作状态就可对其进行百分之百检测等优点,因此,在航空航天、机械制造、石油化工、汽车舰船、核动力等工业领域得到极大的重视并迅速发展,已成为控制产品质量、保证设备安全运行等方面极为重要的技术手段。不仅如此,随着科学技术和现代工业的发展,以无损检测为基础的无损评估(Nondestructive Evaluation,NDE)技术应运而生,促进了无损检测向更高层次的发展[3-4]。

航空领域对安全的要求特别严格,使得无损检测在该领域得到广泛的重视和应用。目前,在航空装备维修中有四类问题最引人关注[3-6]。一是老龄飞机的无损检测,通常把日历寿命超过20年的飞机都作为老龄飞机来对待,由于腐蚀损伤和积累疲劳损伤的作用,老龄飞机发生故障的概率明显增加,尤其是飞机多层结构中第一层表面下腐蚀监测和控制问题,一般使用低频涡流技术检测,诸如桁条下方或铆接件下层板的腐蚀,但腐蚀监测问题至今并未真正解决。1997年,爱荷华州立大学无损评估中心在美国空军的支持下,将脉冲涡流检测技术引入机身结构检测,其结果表明该技术具有对第二层腐蚀的定量检测能力[7]。二是新机新材料的无损检测,各种新型飞机都大量使用新材料,特别是钛合金和复合材料,如民用飞机波音777的尾翼和主梁部分、军用飞机F-15和我国一些直升机等都大量使用复合材料,苏-27飞机的机尾罩轮孔和起落架轮使用了钛合金材料,对这两类材料用常规超声波探伤很不合适,一些新技术(如激光超声、红外热成像等技术)被应用于外场检测[5]。此外,研制能对新型飞机有效实施大面积检测的无损检测方法,是另一项应当引起重视的任务。在这一方面,阵列涡流技术或相控超声检测技术可以发挥重要作用,特别是阵列涡流技术对检测涡流轮叶片根部裂纹具有极佳的应用前景[8-10]。三是无损检测在飞机日历寿命研究中的作用,由于飞机结构受环境腐蚀的问题日益严重,不少飞机往往在远未达到其飞行小时寿命的情况下,因关键结构腐蚀而提前退役或引起严重事故。对腐蚀损伤及其程度进行检测、腐蚀发展趋势进行监测能为确定日历寿命提供科学依据。从目前发展情况来看,除超声和涡流检测方法外,红外成像技术和声发射检测技术都有可能在这一领域发挥重要作用[7,11-12]。四是无损检测对飞机疲劳裂纹的检测和扩展监测,这是除腐蚀外,飞机检修面临的另一个主要问题。疲劳裂纹主要发生在主承力结构和应力集中区,如发动机压缩机叶片、篦齿盘均压孔、主起落架轮毂、机翼大梁接耳及机身紧固件孔等区域,它对飞机结构的功效产生重要影响,危及飞行安全时便可能发生灾难性事故。目前,国内外利用涡流检测技术解决这一问题的研究居多[2,4,13]。此外,声发射检测在这一领域也具有优势,美国麦克莱兰基地曾用声发射检测技术检测了F-111,通过对机翼、前起落架和尾钩等部位产生拉伸应力,以及让机头和机尾产生向下应力时进行检测获得了很好的效果[6]。

综上所述,随着航空工业的发展,无损检测技术已经在航空领域发挥着至关重要的作用,常规检测方法寻求突破,而新的检测技术不断涌现。美国、日本、英国、法国、澳大利亚、加拿大等国家一直致力于发展先进的无损检测技术以适应现代航空装备的维修和保障。

1.1.2 涡流无损检测技术优势

涡流检测(Eddy Current Testing,ECT)是建立在电磁感应原理基础上的一种无损检测方法,适用于导电材料,它在航空维修中应用非常广泛,这是因为[14]:①非接触性检测,能穿透非导体涂镀层,可以在不清除零件表面的油脂、积碳和保护层情况下实现检测;②检测无须耦合介质,探头可延伸至远处作业,故可对工件的狭窄区域及深孔壁等进行检测;③对表面缺陷的检测灵敏度高,并且能对疲劳裂纹进行监控;④由于不需接触、无须耦合剂的特点,其检测速度快,易实现自动化和在线检测。

此外,在常规涡流检测技术的基础上,还发展出了新的涡流检测技术,如1971年文献[15]提出的多频涡流检测(Multi-Frequency Eddy Current Testing,MFECT)采用多个频率同时工作,比单频激励能获取更多数据,可以抑制复杂构件如热交换管道的在役检测中,邻近支撑板、管板等结构部件产生的强干扰、飞机机身铝蒙皮下缺陷检测中探头摇晃、紧固件头突出等并存的多种干扰因素,同时也可以一次性提取多个所需信号。脉冲涡流检测(Pulsed Eddy Current Testing,PECT)是另一项针对飞机多层结构检测发展起来的新涡流检测技术,近30

年开始在世界范围内受到关注和重视[7,16-21]，它采用一个瞬态脉冲激励线圈，因此信号包含了丰富的频谱分量，具有对金属结构深层或第一层以下状况进行检测和评估的能力。与MFECT相比，其优点如下：首先，它不需要改变测试参数设置；其次，仪器设备简单[22]。2008年9月，美国General Electric Company推出了第一款便携式脉冲涡流探伤仪Pulsec，主要用于航空领域多层金属结构第一层表面下缺陷的成像检测。1990年，美国Physical Research Instrumentation公司开发了一种新的涡流检测仪器——磁光涡流成像仪器（Magnetic-Optical Eddy Current Imager，MOI），该技术是根据法拉第磁光效应和电磁感应定律而提出的一种新的涡流检测技术，在国外受到了美国联邦航空局（Federal Aviation Administration，FAA）以及国家航空和宇宙航行局（National Aeronautics and Space Administration，NASA）的重视和认可，用于飞机机身结构中铆钉附近的表面/下表面疲劳裂纹和腐蚀的成像检测。其主要优点是检测速度快，信号易于解释，并能实时成像输出[5,23-24]。文献[25]中以"磁光涡流成像无损检测装置"申请了实用新型专利。此外，还有用于管道在役检测的远场涡流检测[26]（Remote Field Eddy Current Testing，RFECT）以及用于离岸石油和天然气平台的设备和水下结构检测的交变磁场测量[27]（Alternating Current Field Measurement，ACFM）。

由此可见，涡流检测是一项蓬勃发展的无损检测技术，随着科学技术的进步和检测需求的增加，它不断为飞机制造和维修提供新的检测方法和手段。在继承了常规涡流所具有的检测速度快、易实现自动化和在役检测等优点的基础上，它由高表面缺陷探测灵敏度向更深层缺陷的检测能力、简单实用的阻抗分析向可视化成像输出迈进，其技术优势明显。正是在这样的前提下，将常规/脉冲涡流检测技术应用于飞机特殊结构件和发动机检测，从理论上研究涡流场-电路耦合计算模型，并针对实际工程需要，结合数值仿真和实验分析，以解决特殊涡流探头设计及探头提离等主要干扰源的抑制等问题，为该技术的深层应用提供理论与技术支撑。

1.2　涡流检测技术研究现状

1.2.1　应用发展

1. 常规涡流检测

涡流检测的最早应用可追溯到1879年D. E. Hughes用来对比和筛选金属，将电磁感应现象与待测导体的材料属性（如电导率和磁导率）联系起来。但涡流检测真正在理论和实践上完善却是20世纪50年代后，德国人F. Forster发表了他有关涡流检测基础试验和理论研究的文章,其中包括设计制作了绝对式、差分或对比式检测系统和探头;用这些线圈系统和水银模型(将小片绝缘体插入中间模拟不连续性)进行校准试验;用求解与线圈和受检对象有关的边界条件下 Maxwell 方程组的方法进行验证等。他还在 C. P. Steinmech 采用向量的旋转线段分析正弦量的基础上,清晰阐释了复数平面信号分析方法并用于涡流检测的阻抗分析之中。至此,F. Forster 系统、完整地建立起一套以阻抗分析法为基础的涡流检测理论体系,卓有成效地推动了全世界涡流检测技术在各工业领域中的实际应用和发展。

  20 世纪 60 年代,美国许多实验室的工作人员进行了涡流检测技术的研究,并受 F. Forster 基本成果的启发,研制开发了采用新的半导体器件或集成电路的涡流仪器。70 年代,电子技术和计算机技术的飞速发展,为 Libby 提出的多频涡流技术和多参数检测理论提供了物质基础,也有效地带动了涡流检测仪器和设备性能的改进。此后,将单频或多频涡流检测应用于飞机检测的应用研究一直方兴未艾。1994 年,美国空军西南研究院开始研究应用涡流对不拆卸铆钉情况下第二层裂纹进行检测,随后加拿大国防部也开始了这方面的应用研究。1998 年,FAA Airworthiness Assurance 中心的研究人员利用单频和双频涡流对 Bell 直升机机身多层搭接结构中的腐蚀状况进行了检测,结果表明,该技术可发现低于 10% 的金属损耗。同年,该中心评估了 NASA 兰利研究中心、McDonnel Douglas 航空公司及 Hocking 仪器(现已被 GE 收购)等新开发的 8 种涡流检测仪器对铆钉头下方小裂纹的检测能力,结果表明,对 1mm 左右的裂纹,其错误报警率低于 1%[28]。文献[29]在涡流检测中采用 HTS SQUID(High – Temperature Superconducting Quantum Interference Devices)传感器对飞机机轮上的深层缺陷和两层铆接结构中表面下缺陷进行了检测。文献[30]采用开发的 MFES(Multi Frequency Excitation and Spectrogram)技术对多层结构实现涡流 X 断层成像的研究,该系统能同时测量 80 个频率分量,并用二维或三维谱图显示多频响应信号的相对幅值。文献[31]用 3 个 HTS SQUID 磁力计构成阵列检测飞机铆接件缺陷。2002—2003 年,在美国空军调查实验室(Air Force Research Laboratory,AFRL)的支持下,Boeing 公司和爱荷华州立大学无损评估中心分别针对飞机隐藏腐蚀和裂纹检测中阵列涡流技术和基于磁阻传感器的涡流成像技术进行了研究,并取得了明显进展。2004 年,文献[32]中基于巨磁阻(Giant Magnetoresistance,GMR)传感器研制了旋转线性扫描涡流探头,可检测到 13mm 厚两层结构中第二层紧固件附近 2.5mm 长的裂纹。涡流技术在飞机结构检测中的应用研究从未停止过,每年在爱荷华州立大学无损评估中心召开的 Review of Progress in Quantitative NDE 国际会议都有关于此方面的研究论文。近年国内外的研究文献表明,常规涡流检测技术的研究开始朝向:①传感器阵列、巨磁阻及 SQUID 等新型传感器的应用;②与其他检测技术的融合等方面的发展。

2. 脉冲涡流检测

脉冲涡流检测是涡流检测技术发展起来的一个新支,在 20 世纪 80 年代中后期,美国西南研究院、田纳西州大学以及英国 Surrey 大学的研究人员对该技术进行了初步的理论和应用研究。C. C. Tai 采用脉冲涡流检测技术,通过分析绝对式线圈中瞬态电流的变化特征对两层结构中基底和涂层材料的电导率与厚度进行辨别[33],H. C. Yang 将该方法推广到了基底或涂层其中之一为磁性材料的涂层厚度测量[34]。从 20 世纪 90 年代初,爱荷华州立大学在美国空军的支持下,开始对这项技术应用于老龄飞机隐藏腐蚀的定量检测进行深入的研究,在 2001 年提交的研究报告中指出脉冲涡流具有对飞机第二层腐蚀缺陷的定量检测能力,并研制成功了扫描式脉冲涡流检测仪。此后,在 FAA 支持下,该仪器又进一步向便携式、操作简单和高性能发展,并逐步由实验室走向外场检测。与此同时,澳大利亚航空航海研究实验室(Aeronautical and Maritime Research Laboratory,AMRL)和英国 QinetiQ 公司(原 Defence Evaluation and Research Agency,DERA)合作研制了基于脉冲涡流检测技术的 TRECSCAN 仪器,用于对飞机机身中的隐藏裂纹和腐蚀进行检测,该仪器目前已进入实用化阶段[16]。加拿大国防部飞行器研究中心(Air Vehicle Research Section,National Defence Headquarters)提出"提离交叉点(Lift – off Intersection Point,LOI)"可消除提离对检测结果的影响,利用脉冲涡流检测技术实现了腐蚀缺陷的成像检测[35]。H. J. Krause 等人将 HTS SQUID 磁力计应用于脉冲涡流检测技术,利用不同时间点上的响应实现了对导体纵深方向上电导率的 X 断层成像[21]。英国 Hudderfield 大学的研究人员在脉冲涡流检测探头设计和信号的分类识别方面做了较深入的研究[36]。2004 年,Zagreb 大学将脉冲涡流检测技术引入铁磁性管道的检测。同年,荷兰 RID 公司推出了 INCOTEST 脉冲涡流测厚仪,用于对带保温层钢质压力容器和管壁测量。近年,韩国和日本也展开了脉冲涡流技术用于电导率和厚度测量的研究[37]。在这里值得一提的是,美国 GE 全球研发中心(GE Global Research Center)将 GM 阵列传感器作为脉冲涡流检测单元,应用先进的集成技术和数据处理技术实现了对 4 层结构中不同层的成像检测,GE 传感和检测科技在 2008 年 9 月推出了 Pulsec,这是第一款用于飞机机身检测的商用脉冲涡流检测仪,其探头最高可支持 32 个阵列元件,采用"时间闸门"对待测试件实现分层图像诊断,其检测深度可达 10mm。2004 年前后,国内开始脉冲涡流检测的应用研究,其中国防科技大学在利用该项技术对飞机多层结构的检测中做了较为系统和深入的工作,包括线圈阵列传感器的研制、腐蚀成像及三维测量等问题的研究[38-39],此外,还包括空军工程大学和清华大学电气工程学院等院校。

1.2.2 理论计算

涡流检测理论计算属于电磁场边值问题的求解,主要方法有解析法和数值法。解析法是求由麦克斯韦方程组导出的各种数学方程在一定边界条件下封闭形式的数学解答,求解的方法有分离变量法、级数展开法、格林函数法、保角变换法和积分变换法。这些方法各自适应不同的情况,其中能够求得显式解的主要是分离变量法[95]。由于解析解具有某种普适性,理论价值大,计算比较简单,因此,它一直是人们所追求的解决问题的理想方法。但这种方法只适用于几何形状比较规则或轴对称涡流场问题,大量复杂边界情况下场计算则需要用数值法求解,数值法适用面很宽,几乎可以求解所有经典电磁场问题,但相比解析法,其缺点是求解过程复杂、计算量大。常用数值计算方法主要包括有限差分法(Finite Difference Method,FDM)、有限元法(Finite Element Method,FEM)、边界元法(Boundary Element Method,BEM)和矩量法(Moment Method,MM)等,由于:①有限元网格能模拟不同形状的边界或交界面;②所得到的离散化方程组具有稀疏对称的稀疏矩阵,求解得以简化;③边界条件可纳入有限元数学模型,便于编写通用的计算机程序等突出优点,目前有限元法在三维涡流场计算中占主导地位。

在关于涡流场理论计算问题的研究进展中,解析法的应用早于数值法。F. Forster 是第一个采用解析法验证实验发现,并对被测试件材料进行预测的研究者。1968 年,C. V. Dodd 和 W. E. Deeds 推导出了待测试件为两层平面导体和同轴柱状体,有限截面空芯圆柱线圈的阻抗计算式,由于求解域为半无限大,阻抗表示为贝塞尔(Bessel)函数的双重广义积分。1971 年,C. C. Cheng、C. V. Dodd 和 W. E. Deeds 又将试件推广到任意层数进行了求解。由于上述文献是对两类极具代表性的检测对象的描述,因此其结论一直被采用,并有许多学者在此基础上做了进一步的研究。例如,T. P. Theodoulidis 研究了层状媒质的电导率随深度呈线性、二次和指数变化时,线圈阻抗的变化特征。S. K. Burke 采用基于 Lorentz 互易关系的二端口阻抗公式,推导了导体板上不同放置方式的双线圈探头(激励和检测分开的情况)的互阻抗,在铝合金板上的实验表明,100Hz ~ 50kHz 频率范围内,理论计算和实验结果一致[40];黄平捷利用多层导体结构上方线圈阻抗的解析式研究了导体测厚问题[41]。此外,人们也研究了线圈放置方式变化时的涡流场问题,T. P. Theodoulidis 将半无限大导体上方线圈倾斜时的阻抗表示为源项 $h^s(u,v)$ 的二重积分,采用解析和数值相结合的方法进行求解,并对无限长裂纹模型进行了研究[42];Y. H. Zhang 等人采用有限元法计算了有裂纹导体上方线圈阻抗随线圈倾斜角与检测频率的变化,并研究了倾斜轨迹和缺陷信号之间相位的特征[43]。由此可见,随着求解对象的扩展和复杂,解析法已渐渐不能适应,必须结合或完全依赖于数值法,如对一些特殊结构的线圈探头、非平面形试件(如圆柱面、球面、管道或孔洞、缺陷探伤等问题),其中特别是导体中内含缺陷的三维涡流场数值计算一直是研究的热点。

脉冲涡流检测采用瞬态信号激励,它涉及的是瞬态涡流场计算,因此,比时谐涡流场问题更复杂。国内外对脉冲涡流检测理论模型的深入研究始于20世纪90年代,解析法和数值法均被应用于理论计算。J. R. Bowler等人用边界元法计算了无限大平板导体内下表面裂纹的瞬态响应[44];J. Pavo等人用边界积分法和阻抗型边界条件求解两层导体中任意形状的平面缺陷场问题,通过反傅里叶变换计算时域信号[45];V. O. Haan等人从待测导体的材料和几何特征对场传播的影响出发,将导体的反射系数分段展开求傅里叶逆变换,导出了半无限大和有限厚度导体上同轴双线圈探头感应电压的时域表达式,与实验结果对比误差低于1%[46];幸玲玲针对有限厚平板导体中的理想裂缝模型,用限边界元耦合法进行了时域求解,同年还采用积分方程结合FFT计算了该模型的冲激响应[47]。Y. Li采用特征函数展开和FFT计算了1~2层导体上阶跃电流激励下磁感应强度的时域响应,分析了Gibbs效应、未考虑层间气隙对模型产生的误差[48]。由上述分析可见,脉冲涡流检测的理论计算方法主要分为两种:一种是从时谐涡流场的求解出发,采用傅里叶或拉普拉斯变换计算时域响应;二是采用数值法直接求解,主要针对含缺陷导体的三维瞬态涡流场计算,时步有限元法是目前应用较广的方法。

此外,涡流场-电路的耦合场计算问题成为近年来的研究热点,主要原因如下:①单一涡流场总是假设在线圈电流密度已知的条件下求解,但实际应用时,往往已知线圈端电压,而电流或电流密度是未知量;②作为场源的激励(检测)线圈本身就是外电路的一部分,其上的电压或电流均未知;③阵列探头内部的线圈彼此之间或与外部检测电路之间存在连接,对上述3种情况,在计算中必须考虑外部电路的约束。由此可见,涡流场-电路耦合模型能更真实地模拟实际涡流检测时的状况,除了可对涡流探头和待测试件之间的电磁场相互作用进行分析,同时也将影响检测性能的外电路包含进来,从而可为实际工程应用提供更大范围内检测参数的优化选择。

1.2.3 干扰抑制

探头提离干扰是涡流检测的主要干扰源[2-4],它严重削弱或淹没掉缺陷信号,对检测十分不利,因此,人们在寻找有效抑制探头提离问题上的探索和研究从未间断过。从文献资料看,主要集中在以下3个方面。

(1) 从探头设计上抑制提离。文献[49]中设计了一种"Θ"形涡流探头,这种探头由一个圆柱形激励线圈内加一个矩形检测线圈构成,由于检测线圈切向放置,它与激励线圈两者的中心轴相互垂直,因此只有扰乱了涡流分布的缺陷才会引起输出信号,而提离变化则不会产生输出,从理论上分析该探头只对缺陷敏感;文献[50]从探头结构出发,设计了一种两阶段差分探头,它由一个激励线圈内加4个分别绕在磁芯上的检测线圈组成,检测线圈两两构成差分输出,其输出的差分信号再彼此相减之后成为最终输出信号,对比了该探头和传统差分探头,在不同提离高度下信号峰值的变化特征,认为前者的提离效应小。

(2) 改进检测方法降低提离。S. Giguere 等人通过分析脉冲涡流检测信号的时域特征,提出了用"提离交叉点(Lift-off Intersection Point, LOI)"克服检测中的提离噪声的方法,该方法能识别出小提离干扰下的缺陷信号,当提离变化较大时,LOI 将是一个范围内[51];文献[52]等分析了双空芯线圈和单U型磁芯线圈两种探头输出信号的相位特征,其结果表明,探头相位信息反映了试件的电导率、磁导率、厚度等,几乎不受提离影响,因此用相位信息进行检测可以达到抑制提离的效果。2009年,文献[53]对绝对式线圈探头在平面或弧面上的提离效应进行了理论研究,分析缺陷信号和提离干扰两者相位差的变化特征,提出了相位旋转和信号增强相结合消除提离干扰的方法。

(3) 采用信号处理方法分离提离。D. Kim 采用信号转换的方法从探头提离干扰中提取缺陷信号,转换矩阵的权重因子通过神经网络对先验数据的自学习得到[54];M. S. Safizadeh 用 Wigner-Ville 分布对机身搭接结构中金属损伤、层间间隙及探头提离变化3种情况下脉冲涡流检测信号能量的时频特性进行了研究,利用它们之间的变化特征识别缺陷,分离提离[55];G. Y. Tian 采用两个参考信号和归一化相减所得的差分信号来降低下层金属厚度测量中的提离干扰,其试验结果表明,这种方法对厚度测量和表面下缺陷检测中的提离效应有较好的抑制作用,但对表面缺陷的效果不好[56]。

1.3 本书主要内容

本书以航空工业领域设备检修与安全评估为应用背景,采用常规涡流检测和脉冲涡流检测这两项技术,对飞机机体及发动机等特殊部件涡流检测理论、技术及工程应用实践进行了研究,深入分析了涡流场-电路耦合建模、干扰抑制、探头设计、缺陷评估等技术难点,各章内容如下。

第1章:介绍无损检测技术在航空装备维修中的应用及涡流检测技术的优势所在,分析了涡流检测技术的应用发展、理论建模与计算、主要检测干扰源抑制、特殊探头设计以及缺陷检测与评估等方面的研究进展。

第2章：针对采用单一涡流场分析涡流检测工程实践问题所造成的不足，以电磁场和电路理论为基础，研究了复杂边界条件下的三维涡流场-电路耦合问题，应用$A-\varphi,A$法描述三维涡流场定解问题必须满足的位函数方程和边界条件式，结合外电路约束下涡流线圈电路方程，建立基于线圈磁链的场-路直接耦合的数学模型。考虑采用数值法求解计算，用伽辽金加权余量法导出了涡流线圈接电压源和接入电桥电路两种典型情况下，三维涡流场-路耦合问题的有限元方程组，并给出了有限元仿真的基本步骤以及关键问题的解决方法。

第3章：针对小曲率半径弧面导体检测中探头提离或倾斜干扰抑制问题，建立凹面、平面、凸面三类检测面求解模型，计算分析了表面形状、曲率半径变化对线圈产生的附加提离效应。结合阻抗轨迹变化特征，剖析了缺陷信号绕提离轨迹顺时针旋转这一现象的成因，并进一步对比分析了线圈倾斜和提离变化时阻抗轨迹的变化特点，在此基础上提出了"相位旋转"特征的提离和倾斜干扰源抑制方法，分析了实际检测中电桥电路的影响。实验证明了所提出的方法的可行性和有效性。

第4章：针对盘孔类工件径向疲劳裂纹不易检测问题，结合盘孔几何特征及疲劳裂纹走向，提出了3种不同结构的涡流检测探头，即单线圈绝对式探头、双线圈正交式探头和三线圈差分式探头，研究了探头检测灵敏度改善因素。从绝对式探头内外径选取、差分式探头中匝数比确定、正交式探头检测线圈长径比选择等方面分析了探头检测性能，研究了检测时探头的偏移干扰抑制方法。通过对发动机篦齿盘的检测实验，验证了所设计的探头能有效实现对盘孔径向微小裂纹的检测。

第5章：针对多层导体结构脉冲涡流检测理论建模问题，将待测对象由单层有限厚导体扩充到任意n层层叠导体结构，建立了脉冲涡流检测的电磁场理论模型，用矢量磁势A推导得到n层导体对涡流探头的反射系数，将之归纳为n个子矩阵相乘的形式，并进一步导出了n层导体结构所产生的反射磁场和检测线圈感应电压的级数表达式，结合快速傅里叶变换法，研究了不同导体层发生变化时的瞬态响应。最后与有限元时步法所得的结果进行了对比，表明级数展开结合快速傅里叶变换法是一种更快速有效地求解多层导体结构瞬态涡流场的计算方法，为脉冲涡流检测信号的理论解释及其逆问题研究奠定了基础。

第6章：针对多层导体结构检测提离干扰极易淹没表面下缺陷信号，造成缺陷识别困难的问题，建立三维瞬态涡流场-路耦合计算模型，研究了混杂了提离干扰的缺陷检测信号时域和时频域特征，基于瞬态感应场在导体内的渗透特性解释了信号特征形成的原因；在分析信号所含频率成分受提离和缺陷影响时其相位变化特点的基础上，提出了利用相位信息从提离干扰中识别缺陷的思路，并找到一种有效的分析工具——双树复小波变换，根据提取到的时间-尺度平面上的相位信息,提出了基于"相位跳变点"表面下的缺陷识别方法,实验验证了理论分析的正确性和所提出的方法有效性,为解决隐含缺陷检测的干扰难题提供了方法。

第7章:针对脉冲涡流检测受限于探头结构及其作用模式,仅拾取一维响应信号难以实现缺陷定量评估的问题,探讨了脉冲涡流检测和交变磁场测量两项检测技术原理层面的融合。在对比分析多形态涡流场的作用模式及检测特点的基础上,突破脉冲涡流检测常规手段,研究了均匀感应涡流场特性及其受缺陷扰动时的空间分布特征,并结合脉冲涡流信号的时变特性,提出了基于空间-时间联合的多维测量及缺陷评估法,实验证明了所提出方法的可行性和有效性,这一研究为多层导体脉冲涡流检测的缺陷层析成像提供了新思路。

参 考 文 献

[1] 李家伟. 无损检测手册[M]. 北京:机械工业出版社,2012.
[2] Hellier C J. Handbook of Nondestructive Evaluation[M]. New York:McGraw-Hill,2003.
[3] 谢小荣,杨小林. 飞机损伤检测[M]. 北京:航空工业出版社,2006.
[4] 乔玩鑫,等. 民用飞机无损检测手册编制技术及应用[M]. 北京:科学出版社,2021.
[5] 耿荣生,郑勇. 航空无损检测技术发展动态及面临的挑战[J]. 无损探伤,2002,24(1):1-5.
[6] 刘晓山,郑立胜. 飞机修理新技术[M]. 北京:国防工业出版社,2006.
[7] Rummel W D,Bowler J R. Integrated Quantitative Nondestructive Evaluation(NDE)and Reliability Assessment of Aging Aircraft Structures[R]. Ames:Center for NDE Iowa State University,2001:4-5.
[8] 杰夫·内格尔. 展望航空航天业无损检测的未来[J]. 航空制造技术,2005,9:109-110.
[9] Smith A R,Bending J M,Jones L D,et al. Rapid Ultrasonic Inspection of Ageing Aircraft[C]. London:41st Annual Conf of the Brit Inst NDT,2002:25-30.
[10] Sun H Y,Ali R,Johnson M,et al. Enhanced Flaw Detection Using an Eddy Current probe with a Linear Array Of Hall Sensors[J]. Review of Progress Quantitative Nondestructive Evaluation,2005,24:516-522.
[11] 安治永,李应红,梁华,等. 无损检测在航空维修中的应用[J]. 无损检测,2006,28(11):598-601.
[12] Snell J. Infrared Thermography:A View from the USA[J]. Insight,2005,47(8):486-490.
[13] 何永乐. 涡流探伤在航空机轮上的应用[J]. 航空维修与工程,2003,5:33.
[14] 任吉林,林俊明. 电磁无损检测[M]. 北京:科学出版社,2008:64-101.
[15] Libby H L. Introduction to electromagnetic nondestructive test methods[M]. New York:Wiley,1971:214-256.
[16] Smith R A,Hugo G R. Deep Corrosion and crack detection in aging aircraft using transient eddy-current NDE[J]. Insight,2001,43(1):14-24.
[17] Plotnikov Y A,Nath S C,Rose C W. Defect Characterization in Multi-Layered Conductive Components with Pulsed Eddy Current[J]. Review of progress in Quantitative Nondestructive Evaluation,2002,21(A):1976-1983.
[18] 杨宾峰,罗飞路,张玉华,等. 飞机多层结构中裂纹的定量检测及分类识别[J]. 机械工程学报,2006,42(2):63-67.

[19] Cheng W, Komura I. Simulation of Transient Eddy – Current Measurement for the Characterization of Depth and Conductivity of a Conductive Plate[J]. IEEE Transactions on Magnetics,2008,44(11): 3281 – 3284.

[20] Young K S, Dong M C, Young J K, et al. Signal Characteristics of Differential – pulsed Eddy Current Sensors in the Evaluation of Plate Thickness[J]. NDT&E International,2009,42(3):215 – 221.

[21] Krause H J, Panaitov G I, Zhang Y. Conductivity Tomography for Non – Destructive Evaluation Using Pulsed Eddy Current with HTS SQUID Magnetometer[J]. IEEE Transaction on Applied Superconductivity,2003, 13(2): 215 – 218.

[22] Brown D J, Hils C M, Johnson M J. Massively Multiplexed Eddy Curent Testing and Its Comparison With Pulsed Eddy Current Testing[J]. Review of Quantitative Nondestructive Evaluation,2004,23:309 – 316.

[23] Deng Y M, Liu X, Fan Y, et al. Characterization of Magneto – Optic Imaging Data for Aircraft Inspection [J]. IEEE Transactions on Magnetics,2006,42(10):3228 – 3230.

[24] Radtkea U, Zielkea R, Rademacher H G, et al. Application of Magneto – optical Method for Realtime Visualization of Eddy Currents with High Spatial Resolution for Nondestructive Testing[J]. Optics and Lasers in Engineering,2001,36:251 – 268.

[25] 朱目成. 亚表面缺陷的磁光/涡流实时成像检测技术的研究[D]. 成都:四川大学,2004.

[26] Schmidt T R. The Remote Field Eddy Current Inspection Technique[J]. Materials Evaluation,1984,42 (2):225 – 230.

[27] Raine G A, Smith N. NDT of Offshore Oil and Gas Installations Using the Alternating Current Field Measurement(ACFM)Technique[J]. Materials Evaluation,1996,4:461 – 465.

[28] Spencer F W. Detection Reliability for Small Cracks Beneath Rivet Heads Using Eddy – Current Nondestructive Inspection Techniques[R]. Washington:Office of Aviation Research,1999:1 – 2.

[29] Hohmann R, Maus M, Lomparski D, et al. Aircraft Wheel Testing with Machine – Cooled HTS SQUID Gradiometer System[J]. IEEE Transactions on Applied Superconductivity,1999,9(2):3801 – 3804.

[30] Chady T. Enokizono M. Todaka T, et al. Eddy Current Tomography of Multi – layered Aluminum Structures [J]. Review of Progress in Quantitative Nondestructive Evaluation,2000(CP509):425 – 432.

[31] Gartner S, Krause H J, Wolters N, et al. Multiplexed HTS RF SQUID Magnetometer Array for Eddy Current Testing of Aircraft Rivet Joints[J]. Review of Quantitative Nondestructive Evaluation,2002,21:520 – 527.

[32] Dogaru T, Smith C H, Schneider R W, et al. Deep Crack Detection around Fastener Holes in Airplane Multi – Layered Structures using GMR – Based Eddy Current Probes[J]. Review of Quantitative Nondestructive Evaluation,2004,23:398 – 405.

[33] Tai C C, Rose J H, Moulder J C. Thickness and conductivity of metallic layers from pulsed eddy – current measurements[J]. Rev. Sci. Instrum. ,1996,167(11):3965 – 3972.

[34] Yang H C, Tai C C. Pulsed Eddy – current Measurement of a Conducting Coating on a Magnetic Metal Plate [J]. Measurement Science and Technologe,2002,13:1259 – 1265.

[35] Giguere J S R, Lepine B A, Dubois J M S. Detection of Cracks Beneath Rivet Heads via Pulsed Eddy Current Technique[J]. Review of Quantitative Nondestructive Evaluation,2002,21:1968 – 1975.

[36] Tian G Y, Sophian A, Taylor D, et al. Multiple Sensors on Pulsed Eddy – Current Detection for 3 – D Subsurface Crack Assessment[J]. IEEE Sensors Journal,2005,5(1):90 – 96.

[37] Cheng W Y, Komura I. Simulation of Transient Eddy – Current Measurement for the Characterization of Depth and Conductivity of a Conductive Plate[J]. IEEE Transactions on Magnetics,2008,44(11):3281 –

[38] Yang B F, Luo F L, Han D. Pulsed Eddy Current Technique used for Nondestructive Inspection of Aging Aircraft[J]. Insight – Nondestructive Testing and Condition Monitoring, 2006, 48(7):411 – 414.

[39] 张玉华,等. 脉冲涡流检测中三维磁场量的特征分析与缺陷定量评估[J]. 传感技术学报, 2008, 21(6):801 – 805.

[40] Burke S K, Ibrahim M E. Mutual Impedance of Air – cored Coils above a Conducting Plate[J]. J. Phys. D: Appl. Phys. 2004, 37:1857 – 1868.

[41] 黄平捷. 多层导电结构厚度与缺陷电涡流检测若干关键技术研究[D]. 杭州:浙江大学, 2004.

[42] Theodoulidis T P. Analytical Model for Tilted Coils in Eddy – Current Nondestructive Inspection[J]. IEEE Transactions on Magnetics, 2005, 41(9):2447 – 2454.

[43] Zhang Y H, Luo F L, Sun H X. Impedance Evaluation of a Probe – Coil's Lift – off and Tilt Effect in Eddy – Current Nondestructive Inspection by 3D Finite Element Modeling[C]. Shanghai:17th World conference of Nondestructive testing, 2008, 10.

[44] Bowler J R, Fu F W. Transient Eddy Current Interaction With An Open Crack[J]. Review of Quantitative Nondestructive Evaluation, 2004, 23:329 – 335.

[45] Pavo J. Numerical Calculation Method for Pulsed Eddy – Current Testing[J]. IEEE Transaction On Magnetic, 2002, 38(2):1169 – 1172.

[46] Haan V O, Jong P A. Analytical Expressions for Transient Induction Voltage in a Receiving Coil Due to a Coaxial Transmitting Coil over a Conducting Plate[J]. IEEE Transactions on Magnetics, 2004, 40(2):371 – 378.

[47] 幸玲玲,王恩荣. 脉冲涡流检测中系统冲激响应的快速计算[J]. 中国电机工程学报, 2005, 25(20):147 – 150.

[48] Li Y, Tian G Y, Simm A. Fast Analytical Modelling for Pulsed Eddy Current Evaluation[J]. NDT&E International, 2008, 41:477 – 483.

[49] Hoshikawa H, Koyama K, Karasawa H. A New ECT Surface Probe without Lift – off Noise and with Phase Information on Flaw Depth[J]. Proceedings of AIP conference, 2001(557):969 – 976.

[50] Li S, Huang L S, Zhao W, et al. Improved Immunity to Lift – off Effect in Pulsed Eddy Current Testing with Two – Stage Differential Probes[J]. Russian Journal of Nondestructive Testing, 2008, 44(2):138 – 144.

[51] Giguere S, Lepine B A, Dubois J M S. Pulsed Eddy Current Technology: Characterizing Material Loss with Gap and Lift – off Variations[J]. Res Nondestr Eval, 2001, 13:119 – 129.

[52] Yin W, Binns R, Dickinson S J, et al. Analysis of the Lift – off Effect of Phase Spectra for Eddy Current Sensors[C]. Ottawa:Instrumentation and Measurement Technology Conference, 2005:1779 – 1784.

[53] 张玉华,孙慧贤,罗飞路. 涡流探头提离效应的理论分析与实验研究[J]. 电机与控制学报, 2009, 13(2):197 – 202.

[54] Kim D, Udpa L, Udpa S S. Lift – off Invariance Transformations for Eddy Current Nondestructive Evaluation Signals[J]. Review of Quantitative Nondestructive Evaluation, 2001, 21:615 – 622.

[55] Safizadeh M S, Lepine B A, Forsyth D S, et al. Time – Frequency Analysis of Pulsed Eddy Current Signals[J]. Journal of Nondestructive Evaluation, 2001, 20(2):73 – 86.

[56] Tian G Y, Sophian A. Reduction of Lift – off Effects for Pulsed Eddy Current NDT[J]. NDT&E International, 2005, 38(4):319 – 324.

第 2 章　三维涡流场－电路耦合建模及计算方法

2.1　引　　言

涡流检测理论建模属于一个电磁场边值问题的求解,主要计算方法有解析法和数值法。在涡流检测技术的实际应用中,检测探头往往与外部电路发生关联,已知条件是电路的输入电压,线圈电流或电流密度往往是一个待求量。但目前涡流检测建模多是针对单一涡流场问题分析,即在假定场源即线圈电流密度条件为已知量的前提下,求解场的分布及大小,未考虑外部电路约束,这与工程应用实践并不相符。例如,实践中最常见的线圈接入电桥电路的检测方式,由"待测参数发生改变→检测探头感应电压和阻抗变化→桥路输出电压改变"这一系列过程中,就同时隐含着涡流场和电路这两类物理现象,它们彼此之间具有紧密的关联性,因此成为一个典型的场－路耦合计算,只采用单一涡流场建模分析会陷入一系列困境。近年来,由于实际工程问题的需要,涡流场－电路耦合问题越来越受到重视,主要集中在电机、电器设备等各种以电压源为激励的电磁装置瞬态过程的仿真计算[1-5],其中采用电路系统变量和电磁场变量的直接耦合来分析二维电磁场已经很普遍。从目前国内外对涡流检测问题的建模及理论研究现状来看,则仍多偏重于对具体涡流场的分析计算,对场－路耦合问题的研究较少。但在实际涡流检测仪器的设计、研制以及性能分析中,均会涉及受外部电路约束的场问题研究。

本章针对复杂边界条件下三维涡流场－电路耦合问题,以电磁场和电路理论为基础,应用 $A-\varphi,A$ 法描述三维涡流场定解问题必须满足的位函数方程和边界条件式,并结合外电路约束下涡流线圈所满足的电路方程,建立基于线圈磁链的场－路直接耦合数学模型。考虑采用数值法求解,用伽辽金加权余量法导出了涡流线圈接电压源和接入电桥电路两种典型情况下,三维涡流场－路耦合问题的有限元方程组。给出了数值仿真计算的基本步骤和实现方法,对其中一些关键性问题提供了解决方案。本章所论述的理论模型为接下来进一步深入研究诸如检测干扰源的抑制方法、探头设计、检测桥路性能分析及信号处理方法的改进等问题研究奠定了基础,进一步深化了涡流检测理论建模对实际工程应用的指导作用。

2.2 涡流场计算中的电磁场理论基础

涡流检测以电磁感应现象为基础,计算涡流线圈与导体试件之间相互作用引起的电磁场变化可归纳为低频电磁场边值问题,它以麦克斯韦方程组为基础。本节从时变电磁场边值问题的确定性数学模型出发,应用矢量磁位 A 和标量电位 φ 给出了涡流场定解问题的一般性控制方程及其边界条件。

2.2.1 电磁场边值问题的确定性数学表述

一个电磁场边值问题的确定性数学表述由三部分组成,即麦克斯韦方程组、媒质本构关系式及求解域边界条件[6-7]。其中,微分形式的麦克斯韦方程组为

$$\nabla \times \boldsymbol{H} - \frac{\partial \boldsymbol{D}}{\partial t} = \boldsymbol{J} \tag{2-1}$$

$$\nabla \times \boldsymbol{E} + \frac{\partial \boldsymbol{B}}{\partial t} = 0 \tag{2-2}$$

$$\nabla \cdot \boldsymbol{B} = 0 \tag{2-3}$$

$$\nabla \cdot \boldsymbol{D} = \rho_v \tag{2-4}$$

式中:t 为时间,一般来讲,式(2-1)~式(2-4)左边的量为描述电磁场的场矢量;$\boldsymbol{H}$ 为磁场强度(A/m);$\boldsymbol{D}$ 为电位移矢量(C/m^2);$\boldsymbol{E}$ 为电场强度(V/m);$\boldsymbol{B}$ 为磁感应强度(Wb/m^2);右边为激励电磁场的源项,$\boldsymbol{J}$ 为电流密度(A/m^2);ρ_v 为电荷体密度(C/m^3),两者之间满足电流连续性方程:

$$\nabla \cdot \boldsymbol{J} = -\frac{\partial \rho_v}{\partial t} \tag{2-5}$$

由于电磁场的运动变化、产生和消失总是和具体的媒质相联系,因此只用上述方程组来描述物理问题并不完备,还必须包含以下3个媒质本构关系式:

$$\boldsymbol{D} = \varepsilon \boldsymbol{E} = \varepsilon_r \varepsilon_0 \boldsymbol{E} \tag{2-6}$$

$$\boldsymbol{B} = \mu \boldsymbol{H} = \mu_r \mu_0 \boldsymbol{H} \tag{2-7}$$

$$\boldsymbol{J} = \sigma \boldsymbol{E} \tag{2-8}$$

它们表征在电磁场作用下媒质的宏观电磁特性,其中,ε 为介电常数;ε_r 为相对介电常数;ε_0 为真空介电常数,其值为 8.854×10^{-12} F/m;μ 为磁导率;μ_r 为相对

磁导率；μ_0 为真空磁导率，其值为 $4\pi \times 10^{-7} \text{H/m}$；$\sigma$ 为电导率(S/m)。对于各向异性媒质，ε,μ 和 σ 是张量；对于各向同性媒质，它们是标量。对于非均匀媒质，它们是位置的函数；对于均匀媒质，它们不随位置变化。对于非线性媒质，它们是场矢量的函数；对于线性媒质，它们与场矢量无关。

有了描述电磁规律的麦克斯韦方程以及反映媒质电磁特性的本构关系，还必须给出求解域的边界条件才能确定电磁场的分布状况。边界条件限定了边界面两侧紧靠边界面处场矢量之间的约束关系，它由积分形式的麦克斯韦方程组导出[8]：

$$\boldsymbol{n}_{12} \times (\boldsymbol{E}_2 - \boldsymbol{E}_1) = 0 \tag{2-9}$$

$$\boldsymbol{n}_{12} \times (\boldsymbol{H}_2 - \boldsymbol{H}_1) = \boldsymbol{K}_s \tag{2-10}$$

$$\boldsymbol{n}_{12} \cdot (\boldsymbol{D}_2 - \boldsymbol{D}_1) = q_s \tag{2-11}$$

$$\boldsymbol{n}_{12} \cdot (\boldsymbol{B}_2 - \boldsymbol{B}_1) = 0 \tag{2-12}$$

式中：$\boldsymbol{n}_{12}$ 表示媒质 1 与媒质 2 交界面上的法向单位矢量，方向从媒质 1 指向媒质 2；$\boldsymbol{K}_s$ 和 q_s 分别为交界面上的电流面密度和电荷面密度。必须指出，电磁场的 4 个边界条件中，只有两个切向边界条件才是最基本的，其他两个法向边界条件可以由切向边界条件导出。

2.2.2 用位函数描述一般性涡流场定解问题

在求解实际的电磁场问题时，引入合适的位函数可简化分析和计算。

根据式(2-3)和矢量恒等式 $\nabla \cdot \nabla \times \boldsymbol{A} = 0$，得

$$\boldsymbol{B} = \nabla \times \boldsymbol{A} \tag{2-13}$$

式中：$\boldsymbol{A}$ 为矢量磁位。

将式(2-13)代入式(2-2)中，结合矢量恒等式 $\nabla \times \nabla \varphi = 0$，得

$$\boldsymbol{E} = -\frac{\partial \boldsymbol{A}}{\partial t} - \nabla \varphi \tag{2-14}$$

式中：φ 为标量电位。

在涡流场分析中，位移电流密度 $j\omega \boldsymbol{D}$ 与传导电流密度 $\boldsymbol{J}$ 相比可忽略不计。因此，将式(2-13)和式(2-14)分别代入式(2-1)、式(2-4)，可得

$$\nabla \times \frac{1}{\mu} \nabla \times \boldsymbol{A} = \boldsymbol{J} \tag{2-15}$$

$$\nabla \cdot \varepsilon \left(-\nabla \varphi - \frac{\partial \boldsymbol{A}}{\partial t} \right) = \rho_v \tag{2-16}$$

对均匀、线性、各向同性媒质,根据矢量恒等式$\nabla\times(\nabla\times\boldsymbol{A})=\nabla(\nabla\cdot\boldsymbol{A})-\nabla^2\boldsymbol{A}$,
式(2-15)可简化为

$$\nabla^2\boldsymbol{A} = \mu\boldsymbol{J} - \nabla(\nabla\cdot\boldsymbol{A}) \tag{2-17}$$

由矢量恒等式$\nabla\cdot\nabla\varphi=\nabla^2\varphi$,式(2-16)简化为

$$\nabla^2\varphi = -\frac{\rho_v}{\varepsilon} - \nabla\cdot\frac{\partial\boldsymbol{A}}{\partial t} \tag{2-18}$$

式(2-17)和式(2-18)中,$\boldsymbol{A}$和φ具有多值性,但由式(2-13)和式(2-14)导出的场矢量$\boldsymbol{B}$和$\boldsymbol{E}$却是唯一的。在此条件下,对$\boldsymbol{A}$的散度施加适当的规范,不但对位函数的多值性加以一定的限制,同时也能简化位函数方程。通常,对涡流场,选择矢量磁位$\boldsymbol{A}$满足库仑规范[9]:

$$\nabla\cdot\boldsymbol{A} = 0 \tag{2-19}$$

此时,式(2-17)和式(2-18)简化为

$$\nabla^2\boldsymbol{A} = -\mu\boldsymbol{J} \tag{2-20}$$

$$\nabla^2\varphi = -\frac{\rho_v}{\varepsilon} \tag{2-21}$$

式(2-20)和式(2-21)表明了位函数与场源之间的关系,矢量磁位$\boldsymbol{A}$可单独由电流密度$\boldsymbol{J}$确定,标量电位φ可单独由电荷密度ρ_v确定,$\boldsymbol{J}$和ρ_v之间满足式(2-5)中的电流连续性定理。

必须注意,式(2-20)中的电流密度$\boldsymbol{J}$包含了外源电流密度$\boldsymbol{J}_s$和感应涡流密度$\boldsymbol{J}_e$两部分。一般地,$\boldsymbol{J}_s$为已知量,$\boldsymbol{J}_e$根据式(2-8)和式(2-14)得到,即

$$\boldsymbol{J}_e = -\sigma\left(\frac{\partial\boldsymbol{A}}{\partial t} + \nabla\varphi\right) \tag{2-22}$$

且满足电流连续性定理:

$$\nabla\cdot\sigma\left(\frac{\partial\boldsymbol{A}}{\partial t} + \nabla\varphi\right) = 0 \tag{2-23}$$

在上述条件下,式(2-20)成为

$$\nabla^2\boldsymbol{A} - \mu\sigma\left(\frac{\partial\boldsymbol{A}}{\partial t} + \nabla\varphi\right) = -\mu\boldsymbol{J}_s \tag{2-24}$$

根据式(2-9)、式(2-10)及式(2-19),导出矢量磁位$\boldsymbol{A}$在媒质分界面上必须满足如下边界条件:

$$A_2 = A_1 \quad (2-25)$$

$$n_{12} \times \left(\frac{1}{\mu_2} \nabla \times A_2 - \frac{1}{\mu_1} \nabla \times A_1 \right) = K_s \quad (2-26)$$

根据媒质分界面上电流连续性条件,导出标量电位 φ 在媒质分界面上应满足的边界条件为[10]

$$\varphi_2 = \varphi_1 \quad (2-27)$$

$$n_{12} \cdot (\sigma_2 \nabla \varphi_2 - \sigma_1 \nabla \varphi_1) = 0 \quad (2-28)$$

式(2-24)~式(2-28)构成了描述一般性涡流场定解问题的控制方程及其边界条件,在实际应用时,必须根据情况做具体处理:例如,在二维涡流场中,当所研究区域内的源电流方向沿某一固定方向(假设直角坐标系的 z 轴方向),$\nabla \varphi = (\nabla \varphi)_z k$,因为 φ 沿 z 轴方向无变化,所以 $(\nabla \varphi)_z = \frac{\partial \varphi}{\partial z} = 0$,式(2-24)中标量电位可以消去。但对于三维涡流分析,则标量电位一般不能消去[9]。

2.3　三维涡流场-电路耦合的数学模型

当导体试件内部存在一个小缺陷时,缺陷会对涡流线圈的入射电磁场产生散射,从而引起线圈上感应电压或阻抗的变化。在这种情况下,媒质的边界条件极为复杂,对应的涡流场则很难简化为二维或轴对称模型分析。在 2.2 节的基础上,本节针对复杂边界条件下的三维涡流场分析,应用 $A-\varphi,A$ 法建立相应的数学模型,并结合外电路约束下涡流线圈所满足的电路方程,导出以线圈磁链为耦合因子的涡流场-电路直接耦合模型。

2.3.1　三维涡流场数学模型

$A-\varphi,A$ 法是一种求解三维涡流场问题的常用方法,该方法的特点是将源电流归入非涡流区,场域内交界面条件为自然边界条件,适于处理多连域问题,其数值稳定性好,计算精度高[11]。图 2-1 表示了一个三维涡流场求解域 Ω 的典型划分,其中 Ω_1 为涡流区,含有导电媒质,但不含外电流源,导体的电导率和磁导率分别为 σ 和 μ_1;Ω_2 为非涡流区,包含给定的外电流源 J_s,该区域的磁导率为 μ_2;S_{12} 是 Ω_1 和 Ω_2 的内部分界面;n_{12} 表示 S_{12} 的单位法矢量,由 Ω_1 指向 Ω_2。Ω 的外边界 S 分成 S_B 和 S_H 两部分,在 S_B 上给定磁感应强度的法向分量;在 S_H 上给定磁场强度的切向分量,n 为 S 的单位法矢量。

下面用矢量磁位 A 和标量电位 φ 表示场的控制方程及其边界条件,在涡流区,电场和磁场都需要描述,未知量为 A 和 φ;在非涡流区,只需要描述磁场,未

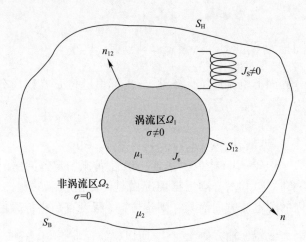

图 2-1 三维涡流场求解区域的典型划分

知量仅为 **A**。根据 2.2.2 节的分析，可导出三维涡流场定解问题的数学表述如下。[12]

在 Ω_1 内：

$$\nabla \times \nu \nabla \times \boldsymbol{A} - \nabla(\nu \nabla \cdot \boldsymbol{A}) + \sigma\left(\frac{\partial \boldsymbol{A}}{\partial t} + \nabla \varphi\right) = 0 \qquad (2-29)$$

$$\nabla \cdot \sigma\left(-\frac{\partial \boldsymbol{A}}{\partial t} - \nabla \varphi\right) = 0 \qquad (2-30)$$

在 Ω_2 内：

$$\nabla \times \nu \nabla \times \boldsymbol{A} - \nabla(\nu \nabla \cdot \boldsymbol{A}) = \boldsymbol{J}_s \qquad (2-31)$$

在 S_{12} 边界上：

$$\boldsymbol{A}_1 = \boldsymbol{A}_2 \qquad (2-32)$$

$$\nu_1 \nabla \cdot \boldsymbol{A}_1 = \nu_2 \nabla \cdot \boldsymbol{A}_2 \qquad (2-33)$$

$$\nu_1 \nabla \times \boldsymbol{A}_1 \times \boldsymbol{n}_{12} = \nu_2 \nabla \times \boldsymbol{A}_2 \times \boldsymbol{n}_{12} \qquad (2-34)$$

$$\boldsymbol{n}_{12} \cdot \left(-\sigma \frac{\partial \boldsymbol{A}_1}{\partial t} - \sigma \nabla \varphi\right) = 0 \qquad (2-35)$$

在 S_B 边界上：

$$\boldsymbol{n} \times \boldsymbol{A} = 0 \qquad (2-36)$$

$$\nu \nabla \cdot \boldsymbol{A} = 0 \qquad (2-37)$$

在 S_H 边界上：

$$n \cdot A = 0 \qquad (2-38)$$

$$\nu(\nabla \times A) \times n = 0 \qquad (2-39)$$

式中：ν 为磁阻率，按分区其值取为 $1/\mu_1$ 或 $1/\mu_2$；$\nabla(\nu \nabla \cdot A)$ 为罚函数项，在式(2-29)和式(2-31)加入它的目的是为了配合相应的定解条件，确保在整个场域中库仑规范的成立。ν 称为罚因子，它的取值应根据具体问题合理选择，选择原则为确保迭代收敛的前提下，ν 应尽可能地小以便获得较高计算精度。根据经验，在各向同性媒质的涡流分析中，ν 取为磁阻率可得到较好的计算精度[11]。

2.3.2 涡流线圈电路约束方程

在电流密度 J_s 已知的条件下，式(2-29)～式(2-39)给出了描述三维涡流场问题的数学方程。但实际应用中，线圈多是以电压源为激励或者直接接入了外部电路网络，因此，在求解这类问题时，还必须考虑线圈的电路约束方程。

根据论文所涉及的具体涡流检测问题，考虑两种情况：①线圈外接电压源 u_0，电流是未知量，常见于涡流探头中激励线圈和检测线圈分开，激励线圈以电压驱动的情况；②线圈接入电桥电路，端电压和电流均是未知量，常见于采用单个线圈作涡流探头，将包含待测信息的线圈阻抗变化转换为桥路电压输出的情况。虽然上述问题中外电路形式各有不同，但根据基本的电路原理，既作为场源又作为电路元件的涡流线圈，其自身始终必须满足以下电路约束方程[13]：

$$R_0 i_c + \frac{d\psi}{dt} - u_c = 0 \qquad (2-40)$$

上式左边第一项为线圈直流电压，第二项为线圈的感应电势，ψ 是线圈的磁链，右边为线圈端电压 u_c。式中，R_0 是线圈的直流电阻，i_c 是线圈中流过的电流，它与电流密度 J_s 之间满足下列关系式：

$$J_s = n_s \cdot i_c \qquad (2-41)$$

式中：n_s 为线圈匝密度。另外，外部电路所满足的电压或电流方程可结合式(2-40)由基尔霍夫定理得到，下文针对具体问题分别给出。

2.3.3 基于线圈磁链的场-路直接耦合法

式(2-29)～式(2-41)分别给出了研究区域满足的电磁场方程和线圈的电路约束方程，下面通过线圈磁链 ψ 联立上述两类方程，即将场-路直接耦合，

使矢量磁位 A 和线圈电流 i_c 同时求解。

根据法拉第定律,线圈磁链 ψ 可表示为矢量磁位 A 的函数[14-15]:

$$\psi = n_s \int_{\Omega_c} A \mathrm{d}\Omega \tag{2-42}$$

式中:Ω_c 表示线圈体积。进一步,则式(2-40)可表示为

$$R_0 i_c + n_s \cdot \int_{\Omega_c} \frac{\partial A}{\partial t} \mathrm{d}\Omega = u_c \tag{2-43}$$

至此,式(2-29)~式(2-39)及式(2-43)一起构成三维涡流场-电路耦合问题的数学模型。

2.4 三维涡流场-电路耦合计算的有限元法

2.4.1 电磁场计算中有限元法的应用发展

有限元法是20世纪60年代出现的一种解偏微分方程的数值方法,最初用于固体力学问题的数值计算。该方法是以变分原理和剖分插值为基础的一种数值计算方法,需要把求解区域剖分成有限个单元,以单元各节点上的未知量组成离散化方程求解,其结果是一种离散化模型的数值解。

20世纪70年代,有限元法被应用到工程电磁场的数值求解,对各类电磁计算问题具有较强的适应性,常被应用处理几何形状和边界条件复杂、包含不均匀媒质和场梯度变化较大等问题。一般情况下,由有限元法得出的离散化方程组具有稀疏对称的系数矩阵,所以求解容易、收敛性好、占用计算机内存量少,而且边界条件容易并入有限元数学模型,便于编写计算机程序。这些特点使有限元法被广泛地应用于计算各领域中的电磁场问题,应用范围从静态场扩展到涡流场、从线性场扩展到非线性场、从各向同性媒质扩展到各向异性媒质且考虑磁滞损耗、从二维场扩展到三维场、从工程电磁场扩展到生物电磁场等,成为目前应用最广泛、适应性最强、发展最快的电磁场数值计算方法。

2.4.2 两种典型情况场-路耦合有限元方程

目前,有限元法在三维涡流场计算中占主导地位,它包括基于变分原理的有限元法和伽辽金有限元法。其中,基于变分原理的有限元法要找出一个与所求定解问题相应的泛函,使这一泛函取得极值的函数正是该定解问题的解,从泛函的极值问题出发得到离散化的代数方程组;伽辽金有限元法则是令场方程余量的加权积分在平均意义上为零,取单元的形状函数作为权函数,导出离散化的代

数方程组。用直接法或迭代法计算代数方程组,得到的解就是有限单元各节点上待求变量的值。当场域中的控制方程比较复杂,难以找到等价的泛函极值问题时,都可用加权余量法进行离散,因此,伽辽金有限元法的应用范围更广泛。

下面应用伽辽金加权余量法导出三维涡流场的有限元方程。将图2-6中的场域Ω剖分成E个立体单元、N个节点,任一单元e内的矢量磁位A^e和标量电位φ^e可用单元形状函数及该单元节点处的位函数近似表示为[11-12]

$$A^e = \sum_{k=1}^{n}(N_k^e A_{xk}\bm{e}_x + N_k^e A_{yk}\bm{e}_y + N_k^e A_{zk}\bm{e}_z) \quad (2-44)$$

$$\varphi^e = \sum_{k=1}^{n} N_k^e \varphi_k \quad (2-45)$$

式中:e表示单元;N_k^e是单元e在节点k的形状函数;n为单元e的节点总数;A_{xk}、A_{yk}和A_{zk}分别为矢量磁位在节点k的x、y和z分量;φ_k为节点k的标量电位;$\bm{e}_x$、$\bm{e}_y$和$\bm{e}_z$为直角坐标系的单位矢量。

根据式(2-29)和式(2-30),整个Ω内的控制方程综合表示为

$$\nabla \times \nu \nabla \times A - \nabla(\upsilon \nabla \cdot A) + \sigma\left(\frac{\partial A}{\partial t} + \nabla\varphi\right) - n_s \cdot i_c = 0 \quad (2-46)$$

$$\nabla \cdot \sigma\left(-\frac{\partial A}{\partial t} - \nabla\varphi\right) = 0 \quad (2-47)$$

其中i_c和σ可看作分区定义的函数,在Ω_1内$i_c = 0$,在Ω_2内$\sigma = 0$。令权函数为形状函数,取式(2-46)的加权积分等于零:

$$\int_{\Omega} N_j \cdot \left[\nabla \times \nu \nabla \times A - \nabla(\upsilon \nabla \cdot A) + \sigma\left(\frac{\partial A}{\partial t} + \nabla\varphi\right) - n_s \cdot i_c\right] d\Omega = 0$$

$$(2-48)$$

式中:N_j为节点j的形状函数。根据矢量运算、高斯定理及边界条件式(2-33)、式(2-34)、式(2-37)和式(2-39),式(2-48)可简化为

$$\int_{\Omega}\left[\nu \nabla \times N_j \cdot \nabla \times A + \upsilon \nabla \cdot N_j \nabla \cdot A + \sigma N_j \cdot \left(\frac{\partial A}{\partial t} + \nabla\varphi\right) - N_j \cdot n_s \cdot i_c\right] d\Omega$$

$$- \int_{s_H}[(\upsilon \nabla \cdot A) N_j \cdot \bm{n}] ds - \int_{s_B}[\nu \nabla \times A \cdot (\bm{n} \times N_j)] ds = 0 \quad (2-49)$$

有限元离散化方程建立以后,式(2-36)和式(2-38)中的两个第一类边界条件应作为强加边界条件处理。对于余量加权积分,在位函数已知的节点上,权函数应取为零,这样才能保证离散化方程组与未知数的个数相等,因此,形状函数N_j

在 S_B 和 S_H 上应满足

$$\boldsymbol{n} \times N_j = 0 \qquad (2-50)$$

$$\boldsymbol{n} \cdot N_j = 0 \qquad (2-51)$$

此时,j 在边界 S_B、S_H 上取值,式(2-49)中最后两项面积分为零,则式(2-49)最终简化为

$$\int_\Omega \left[\nu \nabla \times N_j \cdot \nabla \times \boldsymbol{A} + \upsilon \nabla \cdot N_j \nabla \cdot \boldsymbol{A} + \sigma N_j \cdot \left(\frac{\partial \boldsymbol{A}}{\partial t} + \nabla \varphi \right) - N_j \cdot n_s \cdot i_c \right] \mathrm{d}\Omega = 0 \qquad (2-52)$$

同样,以 N_j 为权函数,取式(2-47)的加权积分为零:

$$\int_{\Omega_1} N_j \cdot \left[\nabla \cdot \sigma \left(-\frac{\partial \boldsymbol{A}}{\partial t} - \nabla \varphi \right) \right] \mathrm{d}\Omega = 0 \qquad (2-53)$$

根据矢量运算、高斯定理及边界条件式(2-35),式(2-53)简化为

$$\int_{\Omega_1} \nabla N_j \cdot \left(\sigma \frac{\partial \boldsymbol{A}}{\partial t} + \sigma \nabla \varphi \right) \mathrm{d}\Omega = 0 \qquad (2-54)$$

由此看出,式(2-48)和式(2-53)中所含二阶导数运算被转换成一阶导数,并纳入了相关的边界条件,式(2-49)和式(2-54)成为伽辽金加权积分方程的弱表述,S_{12} 上所有的边界条件式(2-32)~式(2-35)、S_B 和 S_H 上的边界条件式(2-37)和(2-39)自动满足,成为自然边界条件,式(2-36)和式(2-38)则是强加边界条件。

在 2.3.2 节中,针对两种外部电路约束情况,写出了涡流线圈所满足的电路方程,下面根据具体外电路形式的不同,由式(2-43)、式(2-52)和式(2-54)分别导出对应的涡流场-路耦合有限元方程组。

1. 线圈外接电压源时的场-路耦合方程

当激励线圈外接电压源 u_0,其端电压 $u_c = u_0$,成为已知量,而线圈中流过的电流 i_c 是未知量。以 N_j 为权函数,对式(2-43)取其加权积分为零,则其表现形式为

$$\int_{\Omega_c} N_j \cdot \left[R_0 i_c + n_s \cdot \frac{\partial \boldsymbol{A}}{\partial t} \right] \mathrm{d}\Omega = u_0 \qquad (2-55)$$

联立式(2-52)、式(2-54)和式(2-55),则得到该情况下,整个场域内涡流场-路耦合的有限元方程可用矩阵表示为

$$\begin{bmatrix} \int_\Omega [\nu \nabla \times N_j \cdot \nabla \times () + \upsilon \nabla \cdot N_j \nabla \cdot ()] \mathrm{d}\Omega & 0 & -\int_\Omega N_j \cdot n_s \cdot () \mathrm{d}\Omega \\ 0 & 0 & 0 \\ 0 & 0 & \int_{\Omega_c} N_j \cdot R_0 () \mathrm{d}\Omega \end{bmatrix} \begin{bmatrix} A \\ \phi \\ i_c \end{bmatrix} +$$

$$\begin{bmatrix} \int_\Omega \sigma N_j \cdot () \mathrm{d}\Omega & \int_\Omega \sigma N_j \cdot \nabla () \mathrm{d}\Omega & 0 \\ \int_{\Omega_1} \nabla N_j \cdot \sigma () \mathrm{d}\Omega & \int_{\Omega_1} \nabla N_j \cdot \sigma \nabla () \mathrm{d}\Omega & 0 \\ \int_{\Omega_c} N_j \cdot n_s \cdot () \mathrm{d}\Omega & 0 & 0 \end{bmatrix} \frac{\partial}{\partial t} \begin{bmatrix} A \\ \phi \\ i_c \end{bmatrix} = \begin{bmatrix} 0 \\ 0 \\ u_0 \end{bmatrix} \quad (2-56)$$

式中:Ω_c 表示线圈区域所围体积;$\varphi = \dfrac{\partial \phi}{\partial t}$;$\sigma$ 为分区定义。

2. 线圈接入电桥电路时的场-路耦合方程

在涡流检测中,另外一种常见情况则是线圈接入电桥电路,如图 2-2 所示。此时,已知桥路输入电压和其他元件参数,线圈的端电压 u_c 和电流 i_c 均是未知量。不论电桥采用何种连接方式,线圈均满足电路约束方程式(2-43)。以 N_j 为权函数,取其加权积分为零,则应写为

$$\int_{\Omega_c} N_j \cdot \left[R_0 i_c + n_s \cdot \frac{\partial A}{\partial t} - u_c \right] \mathrm{d}\Omega = 0 \quad (2-57)$$

根据式(2-48)中 σ 的定义,在 Ω_c 内 $\sigma = 0$,由式(2-52)可得到线圈自身应满足的有限元方程为

$$\begin{bmatrix} \int_{\Omega_c} [\nu \nabla \times N_j \cdot \nabla \times () + \upsilon \nabla \cdot N_j \nabla \cdot ()] \mathrm{d}\Omega & -\int_{\Omega_c} N_j \cdot n_s \cdot () \mathrm{d}\Omega & 0 \\ 0 & 0 & 0 \\ 0 & \int_{\Omega_c} N_j \cdot R_0 () \mathrm{d}\Omega & \int_{\Omega_c} N_j \cdot () \mathrm{d}\Omega \end{bmatrix} \begin{bmatrix} A \\ i_c \\ u_c \end{bmatrix} +$$

$$\begin{bmatrix} 0 & 0 & 0 \\ 0 & 0 & 0 \\ \int_{\Omega_c} N_j \cdot n_s \cdot () \mathrm{d}\Omega & 0 & 0 \end{bmatrix} \frac{\partial}{\partial t} \begin{bmatrix} A \\ i_c \\ u_c \end{bmatrix} = \begin{bmatrix} 0 \\ 0 \\ 0 \end{bmatrix} \quad (2-58)$$

由此可见,式(2-56)和式(2-58)最大的不同之处在于,前者的线圈电压为已知量,而后者的线圈电压为待求量。在这种情况下,还必须考虑外部电路网络所满足的电路方程,根据已知的外电路端口电压进行求解。下面以电阻和线圈串联组成的桥路为例进行分析(图 2-2(b)),其他任意桥路组合方式均可依

此类推。根据戴维南定理,得到检测线圈桥臂上所满足的电路方程,并以 N_j 为权函数,取加权积分为零,其表达式为

$$\int_{\Omega_c} N_j \cdot \left[R_0 \, i_c + n_s \cdot \frac{\partial A}{\partial t} + R_e \, i_c \right] \mathrm{d}\Omega = u_0 \quad (2-59)$$

式中：u_0 表示桥路输入电压；R_e 是与线圈相连的电阻。联立式(2-52)、式(2-54)和式(2-59),得到涡流场-路耦合的有限元方程矩阵为

$$\begin{bmatrix} \int_{\Omega} [\nu \nabla \times N_j \cdot \nabla \times (\ ) + \nu \nabla \cdot N_j \nabla \cdot (\ )] \mathrm{d}\Omega & 0 & -\int_{\Omega} N_j \cdot n_s \cdot (\ ) \mathrm{d}\Omega \\ 0 & 0 & 0 \\ 0 & 0 & \int_{\Omega_c} N_j \cdot R_0 (\ ) \mathrm{d}\Omega + R_e \int_{\Omega_c} N_j \cdot (\ ) \mathrm{d}\Omega \end{bmatrix} \begin{bmatrix} A \\ \phi \\ i_c \end{bmatrix} +$$

$$\begin{bmatrix} \int_{\Omega} \sigma N_j \cdot (\ ) \mathrm{d}\Omega & \int_{\Omega} \sigma N_j \cdot \nabla (\ ) \mathrm{d}\Omega & 0 \\ \int_{\Omega_1} \nabla N_j \cdot \sigma (\ ) \mathrm{d}\Omega & \int_{\Omega_1} \nabla N_j \cdot \sigma \nabla (\ ) \mathrm{d}\Omega & 0 \\ \int_{\Omega_c} N_j \cdot n_s \cdot (\ ) \mathrm{d}\Omega & 0 & 0 \end{bmatrix} \frac{\partial}{\partial t} \begin{bmatrix} A \\ \phi \\ i_c \end{bmatrix} = \begin{bmatrix} 0 \\ 0 \\ u_0 \end{bmatrix} \quad (2-60)$$

其中 ϕ 和 σ 的定义同式(2-56)。

结合式(2-44)和式(2-45),将上述两种典型情况下的涡流场-路耦合方程,在整个场域内写成单元体积分的总和,即得到有限元离散化方程组,采用直接法或迭代法求解计算。

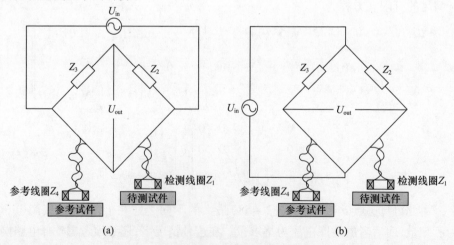

图2-2 典型涡流检测桥路的连接方式
(a)连接方式a；(b)连接方式b。

2.4.3 涡流场-电路耦合求解的具体实现

针对上一节所给出的两种具体涡流检测问题的三维涡流场-路耦合有限元数学模型,可采用 ANSYS 有限元软件的参数化设计语言(ANSYS Parametric Design Language,APDL)编制计算程序,其基本步骤和实现方法如下。

1. 问题的定义

对含缺陷的导体试件涡流检测问题,由于模型的几何形状和边界条件很复杂,并且场源不关于模型中心轴成对称,因此必须建立三维全模型进行求解。

此外,文中所涉及的涡流场属于电磁场数值计算中的开域问题,均用截断法进行处理,即在线圈和试件周围建立足够大的空气区域,以保证线圈磁场在轴向和径向范围内能有效衰减,消除截断效应。在实际建模时,将外围空气区域分为主场区和远场区两部分,其中主场区空气域的大小根据线圈产生的磁场在空气中的传输距离与线圈直径之间的特点来定。采用文献[16]中的解析法计算得到空气中线圈产生的磁场沿其径向的传输特性如图 2-3 所示,B 表示径向上某点处的磁感应强度,B_{max} 表示径向上最大的磁感应强度。由图可见,当线圈匝密度一定,外径 r_2 增大时,90%以上的磁场都集中在 3 倍线圈直径的范围内,并且 r_2 越大,磁场传输越远,两者成正比。因此,主场区半径 R_a 必须足够大,使磁场沿径向能有效衰减为零,以保证计算结果的准确性。根据线圈磁场在空气中的传播特性,一般选择 $R_a \geq 40r_2$,在主场区外围设置同样大小的远场区可以更好地模拟磁场的衰减特性。

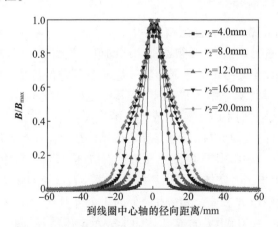

图 2-3 线圈磁场沿其径向的传输特性

2. 建立求解场域的实体模型

依据具体对象的形状和尺寸建立对应的实体模型,选取合适的总体和区域坐标平面可简化建模过程,文中按如下原则设定坐标平面:由于场源是场量分布的中心,设整个场域的总体坐标原点为激励线圈的中心点,如果外围空气域为球体,取球坐标系。区域坐标以总体坐标为参考,为了便于建立线圈模型及设置电流流向,在线圈中心点设定一个区域性的圆柱坐标系,并指定它为线圈的单元坐标。类似地,其他实体模型如导体试件、缺陷等都可根据其形状和相对位置选择坐标平面。模型的建立采用自上而下的方式,即直接建立几何体,自动生成相应的面、线和点,它与由点→线→面→体这种自下而上的方式相对,前者效率更高,但当模型中包含不规则形状时,则需综合采用两种建模方式。图2-4中给出了一个典型的涡流检测实体模型示例。

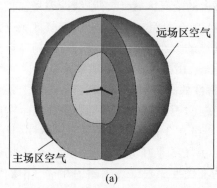
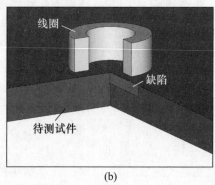

图 2-4 实体建模示例

(a)整体模型(3/4剖面);(b)3/4模型的局部放大(隐去空气域)。

3. 单元类型及节点自由度选项

对实体模型进行离散时,必须选择合适的单元类型,并保证单元节点自由度即未知量的正确设定。考虑处理涡流场-路耦合问题的能力,文中选用 ANSYS 提供的 SOLID97 单元对三维场进行离散,其中包括线圈、待测导体试件及主场区空气域,远场区空气用 INFIN111 或 SOLID97 单元。与线圈相连的外部电路网络包含的电压源、电阻、电抗或电容等集总元件以及作为场和电路之间接口的线圈电流源均可用 CIRCU124 电路单元进行模拟,但其节点自由度设定不一样。表 2-1 中详细列出了各实体区域所用的单元类型及节点自由度设置,其中,A_x、A_y 和 A_z 表示矢量磁位 A 在 x、y 和 z 方向上的 3 个分量;CURR 表示线圈电流,同式(2-56)~式(2-60)中 i_c 的定义;VOLT 表示电压,对线圈、外电源和电路网络中的集总元件,它是电压降,对考虑涡流效应的导体区域,它指标量电位的时间积分,同式(2-56)和式(2-60)中 ϕ 的定义;EMF 表示线圈上的电势降,同式(2-58)中 u_c 的意义。

表 2-1 单元类型及其节点自由度

模型	实体区域	单元类型	单元选项	节点自由度
涡流场	线圈	SOLID97	KEYOPT(1)=3	$A_x, A_y, A_z, CURR, EMF$
	待测导体	SOLID97	KEYOPT(1)=1	$A_x, A_y, A_z, VOLT$
	主场区空气	SOLID97	KEYOPT(1)=0	A_x, A_y, A_z
	远场区空气	SOLID97	KEYOPT(1)=0	A_x, A_y, A_z
		INFIN111	KEYOPT(1)=1	
外电路	外电源	CIRCU124	KEYOPT(1)=4	VOLT, CURR
	线圈电流源	CIRCU124	KEYOPT(1)=5	VOLT, CURR, EMF
	电阻(可选)	CIRCU124	KEYOPT(1)=0	VOLT
	电抗(可选)	CIRCU124	KEYOPT(1)=1	VOLT
	电容(可选)	CIRCU124	KEYOPT(1)=2	VOLT

4. 定义材料属性和实常数

求解区域内各媒质的材料属性如电导率和磁导率数值可查阅材料手册。实常数的设定依据单元类型及节点自由度,对文中场-路耦合分析需要用到单元实常数的具体意义请参见表 2-2。

表 2-2 实常数选项及其设置

模型	实体区域	实常数选项	设置
涡流场	线圈	CARE	线圈的横截面积
		TURN	线圈的总匝数
		VOLU	已建模的线圈体积
		DIRX, DIRY, DIRZ	线圈中电流的 x、y 和 z 向单位矢量
		CSYM	线圈的轴对称因子, CSYM × VOLU = 线圈总体积
		FILL	线圈的填充系数
外电路	外电源	R1, R2	电压的幅值、相位
	线圈电流源	R1	线圈的轴对称因子
	电阻	R1	电阻值
	电抗	R1, R2	电抗值、初始电感电流
	电容	R1, R2	电容值、初始电容电压

5. 求解场域的网格离散化处理

外电路和涡流场之间通过线圈电流源耦合起来,电路部分直接建立有限元模型。对整个涡流场求解区域则按如下原则进行网格离散化处理:磁场变化最剧烈的区域,网格剖分最密;远场区空气域的网格最疏;网格由密到疏的过渡保证单元尺寸比例不小于1/3,如图2-5所示;不能过度加密网格,图2-6给出了网格密度增加时计算结果的变化趋势,由此可见,增加线圈、待测试件及两者附近空气域的单元和节点数,可提高计算精度,但网格密度增加到一定程度之后,计算精度不再有明显提高,如当节点数由16145增加到38857,所得到的计算结果相对偏差小于0.02%,但计算量却大大增加,计算时间由975s增加为3218s。因此,在下面的分析中,为平衡计算精度和时间,设定当按比例增加重点区域的网格数,当其结果的相对偏差小于0.1%时,将不再做加密剖分。

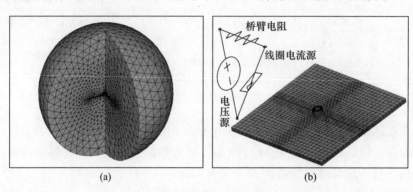

图2-5 求解场域的网格离散化示例

(a)有限元模型(3/4剖面);(b)包含1/2桥路的有限元模型(隐去空气域)。

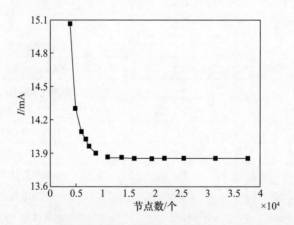

图2-6 网格加密时计算得到线圈电流的变化趋势

在网格生成方法上,采用映射-自由混合划分方式。对模型中形状规则的线圈和导体试件,采用映射网格划分(Mapped Mesh),生成8节点6面体单元;对近场区空气,由于其形状不满足映射划分的拓扑结构要求,故采用自由网格划分(Free Mesh),这种方法灵活地处理不规则或复杂区域,生成 4 节点 4 面体单元;上述 6 面体和 4 面体单元之间用 6 节点 5 面体单元过渡。对远场区空气,如单元类型为 INFIN111,可以近场区空气最外层边界上的单元形状为基础,用映射方式直接生成网格,生成 8 节点 6 面体单元,如单元类型为 SOLID97,上述两种方式均可。由此可见,对一个几何形状和边界条件复杂的三维涡流场域,最终被离散为具有不同单元形状的混合模型。

6. 设定边界条件

边界条件的设定是为了保证场控制方程能得到正确的唯一解。由 2.4.2 节的分析可知,采用有限元法分析涡流场问题时,场域内部媒质交界面上的边界条件属于自然边界条件,在计算中会自动满足;场域最外层边界上应满足的边界条件式(2-36)和式(2-38),则属于强加边界条件,应用到本文所研究的开域涡流场 - 路耦合问题中,则是设定远场区空气外层边界上的磁位 A 为零。

线圈作为外电路的一部分,其上的电流和感应电压均是电路系统变量,因此,对线圈进行离散化处理之后,要耦合所有节点的电流自由度和感应电压自由度,将它们作为统一的未知量求解。

7. 计算方法的选择

ANSYS 提供了直接和迭代两类方法求解有限元离散化方程组,对应有 8 种求解器。对涡流场 - 路耦合分析,选择波前求解器用直接法进行求解。

8. 结果及后处理

当计算得到各节点的自由度之后,外部电路网络中的电流和线圈电流已知,可用于计算各集总元件和线圈的电压。磁感应强度、涡流密度、磁通量等总体电磁量则由矢量磁位 A 和标量电位 φ 派生得到。

2.5 小　　结

本章主要研究内容及结论如下。

(1) 首先从涡流检测的电磁场理论出发,应用矢量磁位 A 和标量电位 φ 建立了描述涡流场边值问题的一般性控制方程和边界条件。

(2) 针对复杂边界条件下三维涡流场 - 电路耦合问题,应用 $A-\varphi,A$ 法描述三维涡流场定解问题必须满足的位函数方程和边界条件式,并结合外电路约束下涡流线圈所满足的电路方程,导出了以线圈磁链为耦合因子的场 - 路直接耦合的数学模型。考虑采用数值法求解,用伽辽金加权余量法导出了涡流线圈接电压源和接入电桥电路两种典型情况下三维涡流场 - 路耦合问题的有限元方程组。

(3) 给出了有限元仿真分析的基本步骤和实现方法,对涡流场开域问题的处理技巧、离散网格的生成方法、网格密度控制标准、节点自由度设置及边界条件设定等关键性问题进行了详细说明。

参 考 文 献

[1] Zhou P,Fu W N,Ionescu B,et al. A General Cosimulation Approach for Coupled Field – Circuit Problems [J]. IEEE Transaction on Magnetics,2006,42(4):1051 – 1054.

[2] W N,Ho S L. Parameter Extraction of Eddy – Current Magnetic Field – Circuit Coupled Problems Using Matrix Analysis Method[J]. IEEE Transaction on Magnetics,2008,18(22):1 – 7.

[3] 张洋. 三维瞬态涡流场 – 电路 – 运动系统耦合问题的研究[D]. 沈阳:沈阳工业大学,2008.

[4] Gersem H D,Weiland T. Field – Circuit Coupling for Time – Harmonic Models Discretized by the Finite Integration Technique[J]. IEEE transactions on magnetics,2004,40(2):1334 – 1337.

[5] Wang X Y,Xie D X. Analysis of Induction Motor Using Field – Circuit Coupled Time – Periodic Finite Element Method Taking Account of Hysteresis[J]. IEEE transactions on magnetics,2009,45(3):1740 – 1743.

[6] 盛新庆. 计算电磁学要论[M]. 北京:科学出版社,2004.

[7] Rothwell E J,Cloud M J. Electromagnetics[M]. New York:CRC Press,2001:475 – 503.

[8] 雷银照,时谐电磁场解析方法[M]. 北京:科学出版社,2000.

[9] Cheng C C,Dodd C V,Deeds W E. General Analysis of Probe Coils Near Stratified ConductorsInt[J]. J. Nondestr. Test,1971,3:109 – 130.

[10] 王泽忠,全玉生,卢斌先. 工程电磁场[M]. 北京:清华大学出版社,2004.

[11] 谢德馨. 三维涡流场的有限元分析[M]. 北京:机械工业出版社,2008.

[12] Biro O,Preis K. On the Use of the Magnetic Vector Potential in the Finite Element Analysis of Three – dimensional Eddy Currents[J]. IEEE Transactions on Magnetics,1989,25(4):3145 – 3159.

[13] Shi Z W,Rajanathan C B. A Method of Approach to Transient Eddy Current Problems Coupled with Voltage Sources[J]. IEEE Transaction on Magnetics,1996,32(3):1082 – 1085.

[14] W N,Ho S L. Parameter Extraction of Eddy – Current Magnetic Field – Circuit Coupled Problems Using Matrix Analysis Method[J]. IEEE Transaction on Magnetics,2008,18(22):1 – 7.

[15] 张洋. 三维瞬态涡流场 – 电路 – 运动系统耦合问题的研究[D]. 沈阳:沈阳工业大学,2008.

[16] 张玉华,孙慧贤,罗飞路. 涡流探头提离效应的理论分析与实验研究[J]. 电机与控制学报,2009,13(2):197 – 202.

第3章 曲面导体检测提离和倾斜干扰分析及抑制

3.1 引　言

涡流检测基于电磁感应原理,当载有正弦电流的线圈探头靠近金属导体时,会在导体内部感应出涡流,任何导致涡流发生改变的因素都会引起线圈阻抗的变化。因此,实际检测到线圈的阻抗变化不仅是材料属性、涂层厚度以及缺陷大小等这些待测参数的函数,同时也受提离或倾斜等干扰因素的影响。特别是针对飞机主承力构件中应力集中部位如主机轮毂R处、毂部转接R处及固定轮缘根部R处、发动机叶片根部、涡轮盘和轴以及一些小直径输油管的漏斗形接口处等对象检测时,由于疲劳裂纹总是出现在试件表面,根据其几何特征及损伤模式设计了放置式线圈探头。这种探头对表面缺陷的灵敏度高,并且无检测方向性问题,但由于待测面多为小曲率半径弧面,相比平板试件在检测过程中更易发生提离和摇晃,产生的干扰信号甚至会淹没掉有用信息,造成误判和漏检。因此,研究弧面检测中探头提离和倾斜干扰的抑制方法是非常具有实际工程意义的课题。

近年来,国内外研究人员多以平板为检测对象,尝试从信号处理、探头设计及检测方法改进等方面降低提离噪声并取得了一定效果[1-5],但对非平板导体试件内缺陷检测时探头提离干扰的抑制研究少。文献[6-7]对管道问题采用近似方法化为平板进行求解,该方法适合管道与线圈半径之比较大的情况,当两者的半径比不是足够大时,这样做会引起误差。基于此,本章针对三类典型检测表面-凹面、平面和凸面,建立对应的三维涡流场-路耦合有限元模型,计算分析了检测表面形状、曲率半径变化对线圈产生的附加提离效应,并着重研究了表面放置式线圈提离变化所形成的阻抗轨迹特征及其对缺陷检测的影响,给出了缺陷信号绕提离轨迹顺时针旋转这一特征的物理解释。研究线圈倾斜时与导体试件之间电磁耦合作用的变化特征,对比分析了线圈倾斜度和提离增大时的阻抗轨迹特征。在此基础上,提出了"相位旋转"特征的提离和倾斜干扰源抑制方法,用场-路耦合模型研究了检测桥路对阻抗信号特征及抑制方法的影响;通过实验验证了数值结果及理论分析的正确性,表明所提出的消除提离干扰的方法确实可行。

3.2 求解模型建立及计算方法

针对上述待测对象的涡流检测工程实践中,其检测面可分为凹面或凸面2种,因此,在用 ANSYS 软件编制有限元计算程序时,考虑凹面和凸面2种情况,模型示意图如图3-1(a)、(c)所示,图3-1(b)是作为对比的平板模型。设导体试件为一线性均匀的非磁性介质,电导率为 σ,磁导率为 μ,凹面、凸面的曲率半径分别为 L_{cav} 和 L_{vex},平面 $L_{pla} = \infty$。表面放置式线圈探头置于导体上方,其内

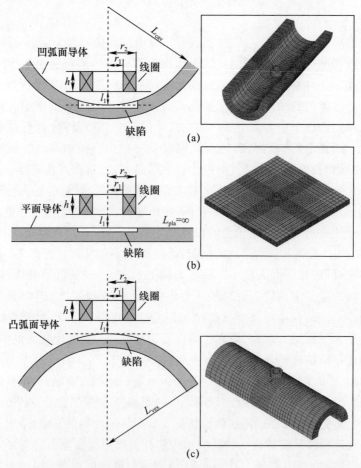

图 3-1 三类待测导体试件上方线圈阻抗计算的模型示意图
(左:参数说明示意图;右:有限元模型(隐去空气单元))
(a)检测表面为凹面;(b)检测表面为平面;(c)检测表面为凸面。

径为 r_1，外径为 r_2，高为 h，匝数为 N，提离 l_1 表示线圈底面中心与导体表面之间的距离。线圈中加载频率 $\omega = 2\pi f$，密度为 J_s 的正弦电流。

用有限元数值仿真分析上述三类涡流检测问题，其基本步骤和实现方法请参见 2.4.3 节。建模时必须注意以下两个问题。

（1）导体试件的边缘效应。根据线圈产生的磁场在空气的传输距离与线圈直径之间的特点，设弧面导体试件的长度为 $24r_2$，不计及轴向边缘效应。

（2）开域问题中磁场的截断效应。由图 2 - 3 分析可知，为保证线圈磁场的有效衰减，消除截断效应，导体和线圈周围用半径等于 $40r_2$ 的空气域包围。

此外，由于模型几何边界面不关于场源的中心轴呈旋转对称，上述问题无法简化为二维轴对称求解，需建立三维整体模型，各个区域所对应的电磁场控制方程如式（2 - 29）~ 式（2 - 31）所示。线圈、导体试件、空气及电桥电路所用的单元及其节点自由度如表 2 - 1 所列，线圈和外电路元件的实常数按表 2 - 2 设置。根据式（2 - 36）和式（2 - 38）可知，整个模型的最外层边界上必须满足磁场为零的强加边界条件，而区域内部各介质分界面上的磁感应强度法向分量及磁场强度切向分量的连续性条件则作为自然边界条件。对实体模型采用映射 - 自由混合划分方式生成离散网格，单元形状、网格密度控制请参见 2.4.3 节中步骤 5"求解场域的网格离散化处理"。图 3 - 1 右为导体和线圈区域的有限元模型（隐去空气单元）。描述该三维涡流场与电路耦合问题的有限元方程如式（2 - 58）和式（2 - 60）所示，用直接法进行求解。

3.3 放置式线圈探头提离效应分析

3.3.1 试件形状及曲率产生的附加提离

为分析试件形状、曲率半径大小对线圈阻抗变化的影响，建立图 3 - 1 中三类导体试件涡流检测的三维有限元模型，具体参数如下：放置在试件表面的线圈，其内径 $r_1 = 2.25\text{mm}$，外径 $r_2 = 3.75\text{mm}$，高 $h = 3\text{mm}$，匝数 $N = 600$，提离 $l_1 = 0.5\text{mm}$。平板试件的长和宽为 $90r_2$，凹面和凸面试件的曲率半径在 $4r_2 \sim 40r_2$ 变化，轴向长 $90r_2$，试件厚均为 5.0mm，电导率 $\sigma = 3.82 \times 10^7 \text{S/m}$，磁导率 $\mu = 4\pi \times 10^{-7}\text{H/m}$。计算得到各试件内部感应涡流密度及其分布如图 3 - 2 所示，此时检测频率 $f = 5\text{kHz}$。

由于线圈相对于 3 种试件表面均是垂直放置，因此它们的感应涡流分布特征相同，均呈封闭的圆环状流动，平行于线圈的绕线方向。在线圈内外径之间的圆环区域内，涡流密度最大，在线圈中心位置附近涡流有自抵消现象，密度很小，在线圈直径以外区域,涡流逐渐减小至零。3 种试件内涡流密度 J_e 的最大值并不相等:凹面为 $2.60 \times 10^7 \text{A/m}^2$,平面为 $2.29 \times 10^7 \text{A/m}^2$,凸面为 $2.15 \times 10^7 \text{A/m}^2$。与平面相比,弧面试件由于其形状的缘故会在线圈提离 l_1 的基础上产生了一个附加提离 Δl,它使凹面试件和线圈的电磁耦合作用加强,而凸面试件和线圈的电磁耦合作用减弱,因此试件上的感应涡流密度及其引起的线圈阻抗变化表现为凹面>平面>凸面。

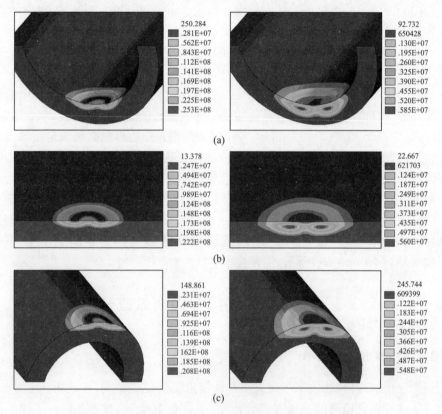

图 3-2 导体内部感应涡流密度的彩色云图($l_1 = 0.5$mm)

(1/2 剖面表示,左:实部;右:虚部)(见彩图)

(a)凹面,$L_{cav} = 4r_2$;(b)平面,$L_{pla} = \infty$;(c)凸面,$L_{vex} = 4r_2$。

在涡流检测中,线圈和导体试件通过电磁场发生耦合作用,使导体试件内部感应出涡流,而涡流感应出的次级磁场又引起线圈的阻抗变化,记为 ΔZ。线圈和试件的其他参数不发生改变,仅弧面曲率半径从 $4r_2$ 增加到 $40r_2$,计算得到不同试件上方线圈的阻抗变化 ΔZ 的曲线如图 3-3 所示,k_c 表示试件曲率半径与线圈外径的比值,k_{amp} 和 k_{pha} 分别表示弧面与平面上线圈阻抗变化量的幅值比和相位比。与平面试件上线圈阻抗变化相比,曲率半径为 $4r_2$ 的凹面和凸面使线圈的阻抗变化 ΔZ 的幅值分别变化 48% 和 32%,相位分别变化 1.4% 和 3.3%,这说明试件形状所产生的附加提离效应主要反映在阻抗幅值上,对相位影响较小。随着曲率半径的增加,三者引起的线圈阻抗变化 ΔZ 的差别变小,当曲率半径等于 $40r_2$ 时小于 4%。

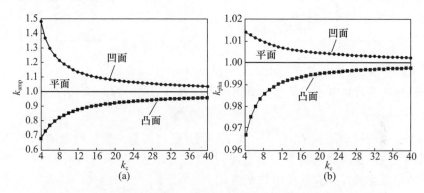

图 3-3　弧面试件曲率半径增大所引起的线圈阻抗变化曲线
(a) 幅值;(b) 相位。

3.3.2　表面放置式线圈提离轨迹特征

线圈的尺寸参数同 3.3.1 节,计算曲率半径为 $5r_2$ 和 $10r_2$ 的弧面和平面试件上方,线圈提离 l_1 从 0mm 增加到 4.5mm 时,线圈阻抗变化 ΔZ 的曲线如图 3-4 所示,A_{per} 和 P_{sub} 分别表示阻抗相对变化量 $\Delta Z/Z_0$ 的幅值百分比和相位差,Z_0 为线圈在空气中的阻抗。图 3-4(a) 中弧面和平面试件上线圈 ΔZ 的幅值均随提离 l_1 成指数规律递减为 0,以 $L_{cav}=5r_2$ 的凹面为例分析,当线圈提离 l_1 在 0.5~1.0mm 与 4.5~5.0mm 之间同样变化 0.5mm 时,前者导致 ΔZ 的幅值变化 9.32%,后者仅为 0.48%,这说明线圈越靠近导体,其提离效应越明显;当线圈远离试件时,二者之间相互作用减弱,ΔZ 变小直至为 0。图 3-4(b) 中线圈提离 l_1 增加 4.5mm,ΔZ 的相位最大仅变化 3.9°,这说明提离对阻抗相位的影响很小。

设 R 和 ωL 是线圈在试件上方时的电阻和电抗,R_0 和 ωL_0 是线圈在空气中的电阻和电抗。计算当检测频率 f 从 1.0kHz 到 1MHz,线圈提离 l_1 从 0.5mm 增加到 5.0mm 时所形成的归一化阻抗轨迹如图 3-5 所示,受导体内部热能损耗和磁能存储影响,线圈电阻 R 增加而电抗 ωL 减小,线圈提离增加则使两者的变化量均减小,符合图 3-4 中 ΔZ 幅值的变化规律。另外,由于 ΔZ 相位受提离影响很小,其阻抗轨迹近似为一条直线,称为提离轨迹,它的起点为零提离时线圈阻抗的归一化坐标值,终点为空气中的 (0,1)。上述分析说明,试件形状和曲率半

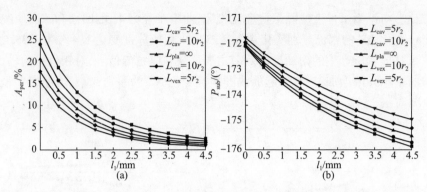

图 3-4 不同曲率半径试件上线圈提离增大所引起的阻抗变化($f=100\text{kHz}$)
(a)幅值；(b)相位。

径大小仅改变线圈阻抗值的大小,并不影响其随线圈提离变化的规律,弧面和平面试件上方的提离轨迹均为一条直线,并且频率增大,这条直线的斜率也增大,提离效应更多地反映在线圈电抗的变化上。

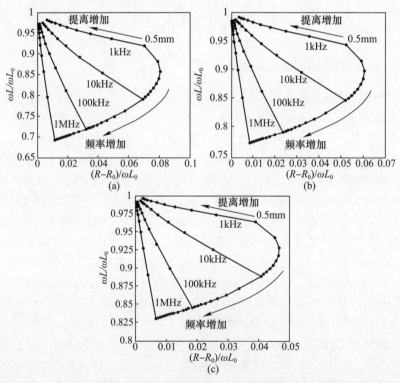

图 3-5 线圈提离改变所形成的阻抗轨迹($f=100\text{kHz}$)
(a)凹面,$L_{\text{cav}}=5r_2$；(b)平面,$L_{\text{pla}}=\infty$；(c)凸面,$L_{\text{vex}}=5r_2$。

3.3.3 提离干扰对缺陷检测的影响

利用有限元法对三类待测导体建立对应的缺陷检测模型,具体尺寸参数如下:弧面试件的曲率半径为 $6r_2$,轴向长 90mm,平板试件长和宽均为 90mm,试件厚均为 5.0mm,电导率 $\sigma = 3.82 \times 10^7 \text{S/m}$,磁导率 $\mu = 4\pi \times 10^{-7} \text{H/m}$。假设导体试件内部出现了长 $l_c = 15\text{mm}$、宽 $w_c = 1.0\text{mm}$ 的缺陷,缺陷的最小深度 d_c 分别为 0.5mm、1.0mm、2.0mm、3.0mm 和 4.0mm,相对磁导率 $\mu_r = 1$。线圈的尺寸参数同 3.3.1 节,提离 $l_1 = 0.5\text{mm}$ 和 1.0mm。计算得到缺陷引起的线圈阻抗变化轨迹如图 3-6 所示,缺陷使线圈阻抗发生改变是因为它干扰了导体试件内部感应涡流的流动。从图中可以看出:①当频率一定,缺陷越深,对试件纵深方向上感应涡流的干扰越大,所以它引起的线圈阻抗变化越明显,并产生相位差;②提离 l_1 从 0.5mm 增加到 1.0mm,导致试件上各处涡流密度值减小,则 5 个缺陷信号幅值都显著变小,但由于缺陷信号的相位只与涡流密度沿试件深度的衰减密切有关,所以频率固定,它不发生明显变化。

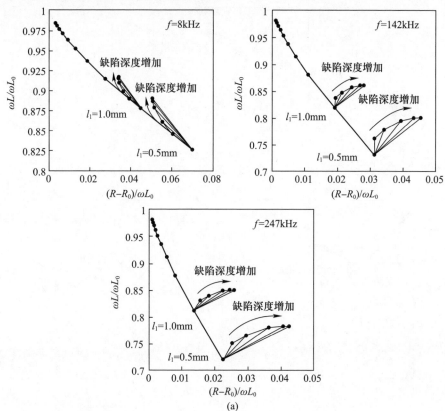

(a)

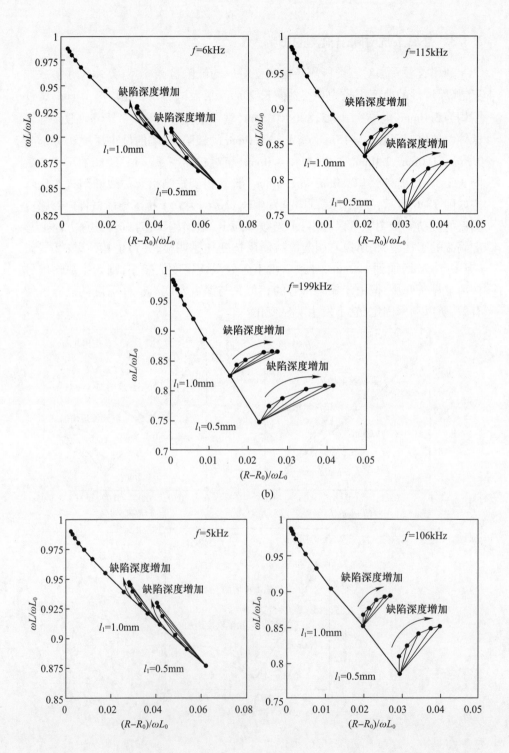

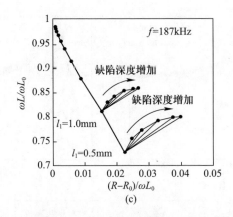

图3-6 线圈提离增大时缺陷所引起的阻抗变化轨迹
(a)凹面试件上缺陷检测,$L_{cav}=6r_2$;(b)平面试件上缺陷检测,$L_{pla}=\infty$;
(c)凸面试件上缺陷检测,$L_{vex}=6r_2$。

3.3.4 缺陷信号旋转变化的物理解释

对比图3-6中弧(平)面导体试件上3个频率点的计算结果发现,随着频率f增大,缺陷信号绕提离轨迹顺时针方向旋转,两者之间的夹角Φ发生改变,三类检测表面上变化规律一致。下面以凹面为例进行解释和说明:例如,对$L_{cav}=6r_2$的凹面试件,在$f=8kHz$时,其内部深0.5mm的缺陷引起的线圈阻抗变化与提离轨迹重合,$\Phi=0°$。在$f=142kHz$时,缺陷存在仅导致线圈电抗改变,线圈电阻不变,此时$\Phi=45°$。这个频率可看作缺陷存在和提离增加对线圈电阻产生相反改变的临界频率,即检测频率小于这个频率时,缺陷存在和提离增加均引起线圈电阻减小,当检测频率高于这个频率时,提离增加仍然导致线圈电阻变小,但缺陷存在则使线圈电阻增加。在$f=247kHz$时,缺陷信号则出现在垂直于提离轨迹的方向上,$\Phi=90°$。

上述变化是因为缺陷对涡流的干扰作用主要表现为电阻特性,在频率较低时导体内部的涡流有足够的渗透,这种特性不明显,缺陷的存在类似于提离干扰。但随着频率增大,涡流的透入深度变小,相当于有更多的涡流受到缺陷的干扰,则缺陷的电阻特性渐渐显著,并对线圈的电阻产生较大影响。通过3.2.3节分析可知,频率增大反而使提离效应更多地作用在线圈的电抗上,正是这种差异使两者之间的夹角Φ增大。计算得到频率f从1kHz增加到1MHz时,Φ的变化曲线如图3-7所示,当频率增大到一定值时,涡流趋肤深度相对于缺陷深度足够小,并且由缺陷和提离引起的线圈电抗变化趋于稳定,则夹角Φ不再明显增大。

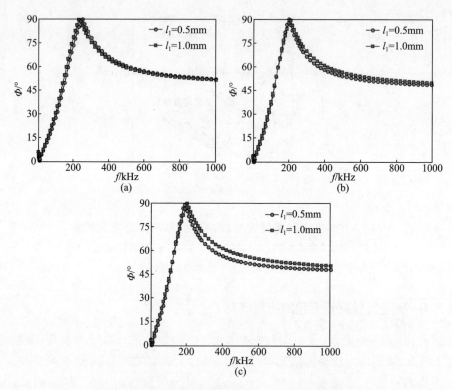

图 3-7 缺陷信号与提离轨迹之间的夹角随频率的变化曲线
(a) 凹面,$L_{cav}=6r_2$;(b) 平面,$L_{pla}=\infty$;(c) 凸面,$L_{vex}=6r_2$。

3.4 放置式线圈探头倾斜效应分析

3.4.1 线圈倾斜时的电磁耦合作用

涡流探头在检测的过程中往往也易产生轻微摇晃,这可看作线圈相对于待测表面发生了倾斜,由此产生的干扰信号不容忽视。模型示意图如图 3-8 所示,按照 3.2 节所述方法建立导体试件上线圈倾斜时的有限元计算模型,分析线圈的倾斜效应,以便根据其特征研究有效的抑制方法。模型参数如下:线圈的内径 $r_1=2.25$ mm,外径 $r_2=3.75$ mm,高 $h=3$ mm,匝数 $N=600$,其中心轴围绕 z 轴顺时针倾斜,角度 θ 从 0°变化到 90°,线圈底部与试件表面的最小距离 $l_1=0.5$ mm 保持不变。线圈下方导体试件长和宽均为 $90r_2$,厚均为 5.0 mm,电导率 $\sigma=3.82\times10^7$ S/m,相对磁导率 $\mu_r=1$。

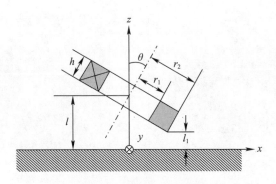

图 3-8 导体试件上方线圈倾斜时阻抗计算的示意图

由 3.3 节分析可知,当 $\theta = 0°$ 时,线圈的提离增大并不会改变导体内部涡流的分布特征,而只引起涡流密度变小。但当线圈相对于试件表面发生倾斜(即 $\theta \neq 0°$)时,感应涡流的分布则随之发生了改变。图 3-9 给出了线圈在 0°、30°、60°和 90° 4 个倾斜角度时,无缺陷和有缺陷的试件表面涡流分布的计算结果,图中颜色由浅到深的变化表示涡流密度由小到大依次递增。从图中可以看出,导体内部不含缺陷时,随着倾斜角度的增大,涡流从 0°时的圆环形对称分布慢慢向靠近线圈一侧的区域集中,当 θ 增大到 90°,线圈正下方的涡流朝同一个方向流动,然后分别在线圈两侧形成封闭,此时中心区域内涡流密度最大,并在一定范围内均匀分布。当导体内出现缺陷时,涡流会偏离以前的路径,顺着缺陷边缘流动,如果缺陷对涡流的阻碍越大,越容易被检测出来。根据这一特征,可以推断得到:当线圈垂直于导体表面放置(即 $\theta = 0°$)时,它对任何方向的缺陷都具有同样的检测灵敏度;当线圈与导体表面相切放置(即 $\theta = 90°$)时,它对走向与线圈中心轴平行的缺陷最灵敏,但却不易检测出走向垂直于线圈中心轴的缺陷,说明这种检测方式具有方向性。

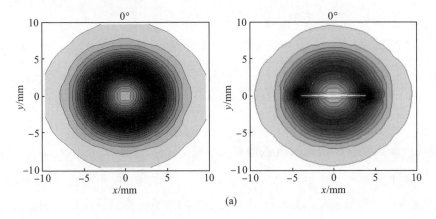

(a)

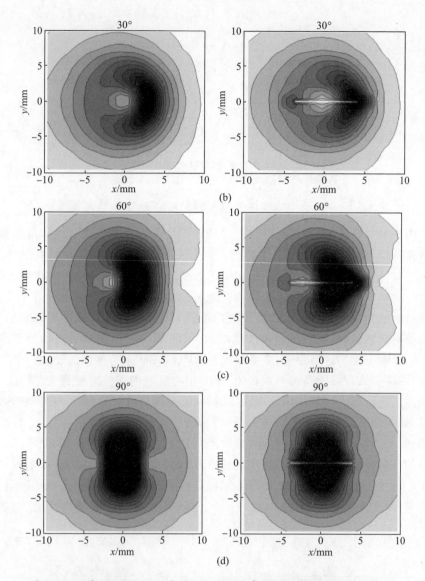

图 3-9 线圈倾斜不同角度时缺陷对感应涡流的扰动特征对比
(图中颜色由浅到深的变化表示涡流密度值由小到大依次递增)
(a)$\theta=0°$；(b)$\theta=30°$；(c)$\theta=60°$；(d)$\theta=90°$。

3.4.2 探头倾斜和提离阻抗轨迹对比

计算模型同 3.4.1 节。3.4.1 节分析了线圈倾斜不同角度时,导体试件内感应涡流的分布特征以及它对缺陷检测产生的影响。这属于变化的内因,本节将分析其外在表现——线圈阻抗的变化。注意:通过场－路耦合的有限元模型计算得到线圈上的已知量为线圈电流和端电压,必须根据欧姆定律二次计算得到阻抗。图 3 – 10 中是当检测频率 f 分别为 1kHz、10kHz、100kHz 和 1MHz 时,线圈由 0°倾斜到 90°的过程中,其阻抗变化的曲线,设 R_0 和 ωL_0 是线圈在空气中的电阻和电抗,R 和 ωL 是线圈在试件上方时的电阻和电抗。

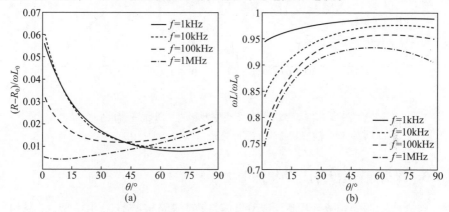

图 3 – 10　线圈阻抗随倾斜角 θ 的变化曲线

(a)电阻；(b)电抗。

从图中可以清楚地看出,与提离增大所引起的线圈阻抗单调变化特征不同,倾斜增大使线圈电阻先减小然后增大,电抗则先增大然后减小。这说明在某一个倾斜角 θ_{min} 附近,阻抗变化趋势发生了改变,因此,倾斜增大形成的阻抗轨迹也并非一条直线,而是存在明显的弯曲,如图 3 – 11(a)所示。分析产生上述变化特征的内在原因如下:当 $0° < \theta < \theta_{min}$ 时,随 θ 增大,线圈和导体之间的电磁耦合减弱,所以引起的线圈阻抗变化减小;在 $\theta = \theta_{min}$ 时,两者的相互作用最小,线圈阻抗的变化也最小;当 $\theta_{min} < \theta < 90°$ 时,随 θ 增大,反而加强了线圈和导体之间的电磁耦合,线圈阻抗随着增大。计算分析发现 $\theta_{min} \approx 69°$,随频率 f 的增大,θ_{min} 值略有变小。

如图 3 – 11(b)所示,分别给出了 $\theta = 0°$、30°、60°和 90°时的提离轨迹和 l_1 = 0.5mm、1.0mm、1.5mm 和 2.0mm 时的倾斜轨迹,对比可得出结论:①任一倾斜角 θ 上的提离轨迹均可近似为直线,而任一提离 l_1 上的倾斜轨迹都会出现弯曲；②$\theta = 0°$时的提离效应最明显,$\theta = \theta_{min}$ 的提离效应最弱,其他次之；③不论是提离还是倾斜,总是在线圈底部越靠近导体时,轻微改变就能引起明显的阻抗变化；④当线圈倾斜角很小时,局部轨迹线仍可近似为直线,并且它几乎与提离轨迹重合,如图中 $\theta = 5°$时,两条轨迹的夹角仅为 1.66°。

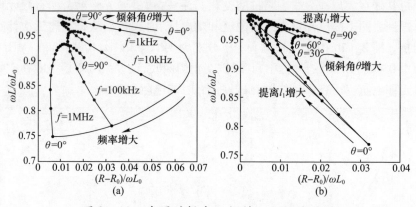

图 3-11 线圈的提离-倾斜-阻抗平面图
(a)线圈倾斜所形成阻抗轨迹；(b)提离-倾斜轨迹的对比($f=100\text{kHz}$)。

3.4.3 探头倾斜增大引起的检测干扰

建立线圈倾斜角 $\theta=0°$、$5°$ 和 $10°$ 时对应的缺陷检测有限元模型，线圈和导体试件的尺寸参数同 3.4.1 节，假设导体试件内部出现了长 $l_c=15\text{mm}$，宽 $w_c=1.0\text{mm}$，深 d_c 分别为 0.5mm、1.0mm、2.0mm、3.0mm 和 4.0mm 的缺陷，它们所引起的线圈阻抗变化轨迹如图 3-12 所示。缺陷越深，引起线圈阻抗的变化量越大，不同深度的缺陷信号之间存在相位差；线圈发生倾斜会使缺陷信号幅值减小。由此可看出，线圈倾斜对缺陷检测产生的影响与提离类似，但提离增加使缺陷信号减弱的程度更剧烈，造成的干扰更大。

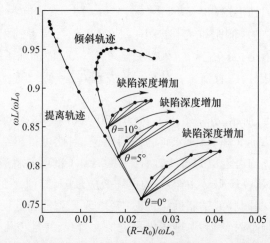

图 3-12 线圈倾斜不同角度时的缺陷信号($f=200\text{kHz}$)

对导体试件内部长 $l_c = 15$mm，宽 $w_c = 1.0$mm，深 $d_c = 1.0$mm 的缺陷，当检测频率 f 从 1kHz 增加到 1MHz，计算该缺陷信号与提离轨迹、倾斜轨迹两者之间的夹角 Φ 变化曲线如图 3-13 所示。可以看出：线圈倾斜角不大，缺陷信号和倾斜轨迹也会出现相互垂直的情况，这与提离非常相似；线圈倾斜较小时，缺陷信号与提离轨迹和倾斜轨迹两者的夹角相差很小，随线圈倾斜增大，差别变大，这一现象说明在消除提离干扰的同时，能消除极大部分的倾斜干扰。

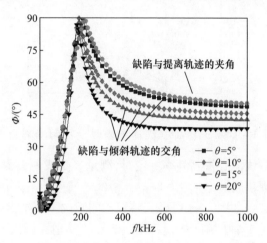

图 3-13 缺陷信号与提离-倾斜轨迹之间的夹角对比

3.5 基于"相位旋转"的干扰抑制方法

从 3.3 节和 3.4 节的分析可知：①缺陷信号与提离轨迹和倾斜轨迹之间的夹角均会随检测频率发生改变，并出现相互垂直的情况；②线圈发生倾斜或提离变化时，对缺陷信号产生的干扰相似，主要表现为信号强度的明显减弱；③当倾斜角小时，缺陷信号与提离轨迹和倾斜轨迹的夹角相差很小，这说明在消除提离干扰时，可同时极大部分地消除轻微的倾斜或晃动干扰。基于这一特征，现提出一种基于相位旋转和信号增强的抑制方法，以提离为例，具体说明如下。

（1）检测频率的选择。以提离轨迹上的某两点为基准值，将它们进行伸缩和平移使之成为新坐标系中的 $(1,0)$ 和 $(0,1)$，缺陷信号也依此进行变换，得到图 3-14。可以看见，在 1kHz~1MHz 的检测频率范围内，缺陷信号绕归一化的提离轨迹顺时针旋转，其中最理想的检测频率应是使缺陷信号和提离轨迹相互垂直的频率 $f_\perp$。实际检测中，很难确定 $f_\perp$ 时，可考虑选择使夹角 Φ 相对较大的 $[f_2, f_3]$ 范围内的频率，此时 $\Phi \geq 45°$，使涡流趋肤深度小于 1/3 缺陷深度时所对应的频率在此范围内。

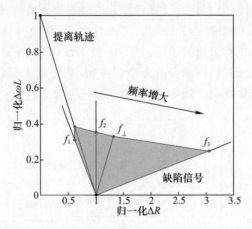

图 3-14 选择抑制提离或倾斜干扰的检测频率

（2）提离轨迹线。在检测频率一定时,测量 2 个或更多提离点处探头的响应信号组成一条提离轨迹。

（3）相位旋转。如图 3-15 所示,将原始的阻抗平面坐标通过旋转、平移转换到以提离轨迹为 Y' 轴的新坐标系下,则信号的新坐标 (x'_d, y'_d) 表示剔出了探头提离信息的缺陷信号,它的计算公式如下：

$$
\begin{aligned}
x'_d &= \sqrt{(x_d - x_0)^2 + (y_d - y_0)^2} \cdot \sin\Phi \\
y'_d &= \sqrt{(x_d - x_0)^2 + (y_d - y_0)^2} \cdot \cos\Phi
\end{aligned}
\quad (3-1)
$$

式中：(x_0, y_0) 和 (x_d, y_d) 为原阻抗平面中提离与缺陷信号的坐标值。

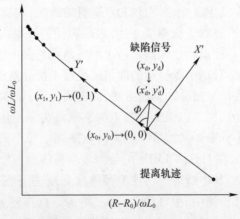

图 3-15 相位旋转示意图

(4) 信号幅值增强。经过相位旋转之后，提离干扰始终在 Y' 轴上，只有试件上出现缺陷时，X' 轴上才会有信号分量 x'_d，对 x'_d 单独放大，则可消除因探头的提离增加或摇晃造成的信号强度降低。

3.6 电桥电路对检测的影响分析

在实际的涡流检测中，由待测参数所引起的信号变化量与基准信号相比要小很多，一般低于基准信号的 1%，这样受放大器电路动态范围的限制，其输出产生严重失真，从而得不到正确的检测结果。为解决这一问题，通常采用电桥电路来改进检测探头的输出信号，它可使导体试件产生的强背景信号自动抵消，只保留缺陷等引起的信号变化量。图 2-2 中给出了两种典型检测桥路连接方式，其基本原理一样，当待测参数没有发生改变时，桥路处于平衡状态，桥臂阻抗满足等式 $Z_1 Z_3 = Z_2 Z_4$，桥路输出电压 $U_{out} = 0$；如果待测参数发生了变化，引起检测线圈阻抗由 Z_1 变化为 $Z_1 + \Delta Z_1$，ΔZ_1 表示阻抗的变化。以桥路 a 为例，根据基尔霍夫定理得到输出电压 U_{out} 可表示为

$$U_{out} = \frac{(1+S_1) \cdot k_{32} - k_{41}}{(1+S_1+k_{41})(1+k_{32})} \cdot U_{in} \qquad (3-2)$$

式中：k_{41}、k_{32} 分别为桥臂比 Z_4/Z_1、Z_3/Z_2；S_1 是检测线圈阻抗的相对变化量 $\Delta Z_1/Z_1$。由此可见，桥路输出电压与线圈阻抗的相对变化量及桥臂比有关。下面建立对应的三维涡流场-路耦合模型来分析线圈阻抗变化与桥路输出电压之间的联系，以及桥路对线圈阻抗分析中"相位旋转"这一特征量的影响，研究以桥路输出电压 U_{out} 为最终检测信号时，3.6 节中提出的提离和倾斜干扰的抑制方法是否仍然可行。

3.6.1 线圈阻抗与桥路电压的联系

1. 提离-桥路输出电压的特征

检测线圈和导体试件的参数同 3.3 节，参考线圈与检测线圈的尺寸相同。电桥的连接方式如图 2-2 中连接方式 a 和连接方式 b 所示，其输入电压 U_{in} 幅值为 25V，初始相位 0，频率 f 从 1kHz 增加到 1MHz，记桥路输出电压为 U_{out}。桥臂上另外两个元件为电阻，其阻值 Z_2 和 Z_3 均为 100Ω，有限元模型的基本步骤和实现方法请参见 2.4 节和 3.2 节。当检测线圈的提离 l_1 增大，计算连接方式 a 和连接方式 b 的桥路输出电压如图 3-16 和图 3-17 所示，总结其变化规律如下。

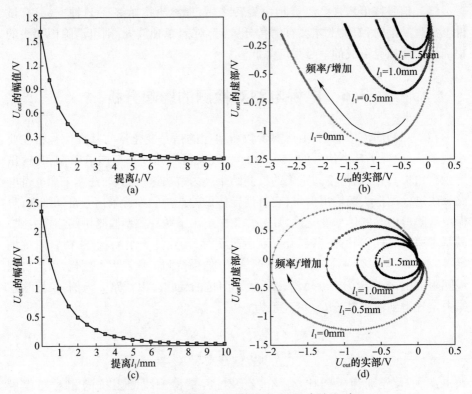

图 3-16　提离-桥路输出电压关系曲线

(a)桥路 a,U_{out} 幅值-提离关系曲线；(b)桥路 a,提离-电压随频率的变化规律；
(c)桥路 b,U_{out} 幅值-提离关系曲线；(d)桥路 b,提离-电压随频率的变化规律。

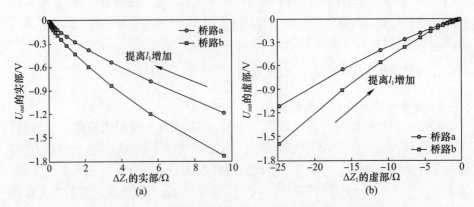

图 3-17　线圈提离发生改变时 $\Delta Z_1 - U_{out}$ 关系曲线

(a)实部；(b)虚部。

(1) 检测频率 f 一定，随提离增大，桥路 a 和 b 的输出电压 U_{out} 均按指数规律衰减为零，与图 3-4 中线圈阻抗变化的规律相同。

(2) 线圈提离 l_1 一定，受电路特性的影响，桥路 a 和 b 的输出电压 U_{out} 随检测频率 f 的变化规律并不一样。

(3) 桥路输出电压 U_{out} 近似线性地反映检测线圈阻抗的变化 ΔZ_1。

进一步地，当检测线圈的提离 l_1 从 0mm 增加到 4.5mm 时，桥路输出电压 U_{out} 所形成的轨迹曲线如图 3-18 所示。提离-阻抗轨迹仅在一个象限内变化，并不产生弯曲（图 3-5），而桥路 a 的提离-电压轨迹在四、三这 2 个象限变化，桥路 b 的提离-电压轨迹则在四、三和二这 3 个象限内变化，其中在靠近或穿越纵轴或横轴的很小频率范围内，如对待测试件为 $L_{vex}=6r_2$ 的凸面，桥路 a 为 2～3kHz，桥路 b 为 2～3kHz 和 18～25kHz，提离 l_1 增加所形成的桥路输出电压轨迹发生弯曲，如图 3-18(a)、(c) 所示，其他频率点上，提离-电压轨迹仍可近似为一条直线，如图 3-18(b)、(d) 所示。

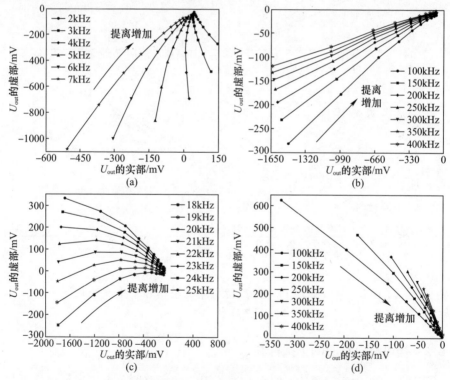

图 3-18 线圈提离增加时桥路输出电压的轨迹曲线
(a) 桥路 a，$f=2\sim7kHz$；(b) 桥路 a，$f=100\sim400kHz$；
(c) 桥路 b，$f=18\sim25kHz$；(d) 桥路 b，$f=100\sim400kHz$。

2. 缺陷-桥路输出电压的特征

导体试件内部的缺陷长 $l_c = 15\text{mm}$，宽 $w_c = 1.0\text{mm}$，深 d_c 分别为 0.5mm、1.0mm、2.0mm、3.0mm 和 4.0mm，它们的出现所引起的桥路输出电压变化如图 3-19 所示。以待测试件为 $L_{vex} = 6r_2$ 的凸面检测结果为例分析，可得出如下结论：缺陷信号越深，桥路输出电压越大，并且各信号之间存在明显的相位差，这与不同深度的缺陷引起的线圈阻抗变化的规律一致（图 3-6）；虽然在某些频率点上提离-电压轨迹出弯曲，但缺陷信号仍具有围绕提离-电压轨迹线顺时针旋转的特征，两者之间的夹角随频率发生改变。

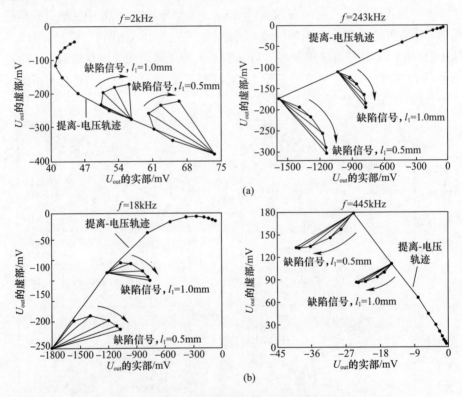

图 3-19 试件内部缺陷所引起的桥路输出电压变化

(a) 桥路 a；(b) 桥路 b。

3.6.2 接电桥电路时的干扰抑制

用图 3-15 中所示方法对提离和缺陷引起的桥路输出电压进行坐标平移、伸缩和旋转，然后求两者的夹角 Φ，新坐标原点选择 $l_1 = 0.5\text{mm}$ 的桥路输出电压值，另一点选择 $l_1 = 1.0\text{mm}$ 或 1.5mm 对应的点，缺陷参数：长 $l_c = 15\text{mm}$，宽

$w_c=1.0$mm，深 $d_c=0.5$mm。计算得到 Φ 与频率 f 的关系曲线如图 3-20 所示，可以看出：①缺陷信号与提离-电压轨迹也存在 90° 的夹角；②桥路连接方式不同，出现使 $\Phi=90°$ 的频率不一样，但均比直接由阻抗计算得到 $f_\perp$ 的高。当桥臂元件 Z_2 和 Z_3 变化时，使 $\Phi=90°$ 的频率点 $f_\perp$ 的变化曲线如图 3-21 所示，桥路 a 中 Z_2 和 Z_3 变化并不影响使 $\Phi=90°$ 的频率大小，但对桥路 b，随 Z_2 和 Z_3 的电阻值增大，使 $\Phi=90°$ 的频率增高。

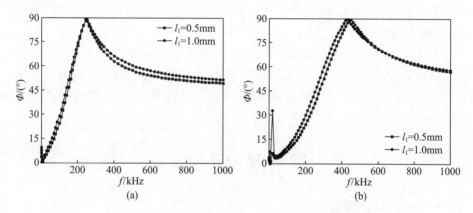

图 3-20　缺陷信号与提离-电压轨迹的夹角 Φ 随频率 f 的变化曲线
（a）桥路 a；（b）桥路 b。

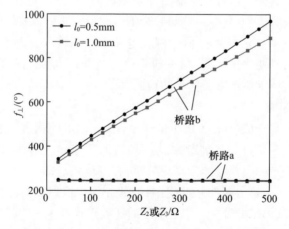

图 3-21　使 $\Phi=90°$ 的频率 $f_\perp$ 随桥臂元件 Z_2 和 Z_3 的变化曲线

通过上述分析可以看到，受桥臂元件（包括检测线圈和参考线圈）电路特性的影响，与检测线圈阻抗随提离和缺陷的变化特征相比，桥路输出电压出现了一个新特征：在少数几个频率点上，提离-电压轨迹出现弯曲，但在其他频率上，提

离 - 电压轨迹出现弯曲仍可近似为一条直线；缺陷参数变化引起的桥路输出电压特征与线圈阻抗变化一致；同样地，随着频率增大，缺陷信号也具有绕提离 - 电压轨迹顺时针旋转的特性，两者之间存在 90°的夹角，但受桥路连接方式和其他桥臂元件的影响，使 $\Phi = 90°$的频率 $f_\perp'$要高于直接由阻抗计算得到的 $f_\perp$，并且它也远高于使提离 - 电压轨迹发生弯曲的频率。因此，基于上述结论，可认为后端检测桥路对采用相位旋转抑制弧（平）面导体试件上的提离或轻微摇晃产生的干扰并不产生负面影响，桥路输出电压本质地反映了待测参数所引起的检测线圈的阻抗变化。

此外，对比 a 和 b 两种典型的桥路连接方式，前者桥路上 Z_2 和 Z_3 的变化并不影响使 $\Phi = 90°$的频率大小，而后者随着 Z_2 和 Z_3 的电阻值增大，使 $\Phi = 90°$的频率增高，这一结论对实际涡流检测中，电桥电路的参数选择具有较大的参考价值。

3.7 实验验证及讨论

3.7.1 实验系统实现

涡流检测系统主要包括信号发生器电路、信号调理电路、检测传感器及数据采集及处理 4 个部分。信号发生器为探头提供激励信号，同时它还需产生两路与激励信号同频的信号，其中一路与激励信号相位相同，另一路则与激励信号相位相差为 90°，这两路信号用作信号调理电路的参考输入。由于涡流检测实践中缺陷引起的信号变化很微弱[8]，一般不会超过 5%，因此，在信号调理电路采用正交锁相放大技术实现微弱信号的检测[9]。

1. 正交信号源

采用直接数字合成（Direct Digital Synthesizer,DDS）技术[10]设计和实现正弦激励信号源。DDS 是近年发展起来的一种新的频率/波形合成技术，具有频率分辨率高、转换速度快、信号纯度高、相位可控等优点。DDS 的基本原理框图如图 3 - 22 所示，它主要由四部分组成：第一部分为相位累加器，决定输出信号频率的范围和精度；第二部分为正弦函数菜单（波形内存），用于存储经量化和离散后的正弦函数的幅值；第三部分为 D/A 转换，产生所需的模拟信号；第四部分为低通滤波，用来减少量化噪声、消除波形尖峰。参考频率源是一个高稳定度的晶体振荡器，用以同步 DDS 中各部件的工作，因此 DDS 输出的合成信号的频率稳定度和晶体振荡器一样。

正交信号发生电路实现框图如图 3 - 23 所示，系统选择高集成度 DDS 芯片

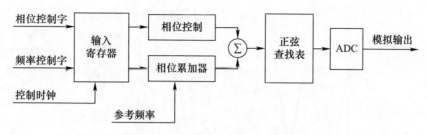

图 3-22 DDS 基本原理框图

AD9854 产生两路宽频带、高精度的正交正弦信号。控制器选用 STC89LE54RD+单片机,可实现 ISP 在系统可编程,无须编程器和仿真器,便于调试与应用。AD9854 直接输出信号为带有直流偏置的正弦信号,需要进行隔直滤波和放大。实际中涡流检测系统的工作频率一般为 1kHz～1MHz,因此,隔直滤波电路的截止频率应当保证 1kHz 以上的信号通过。

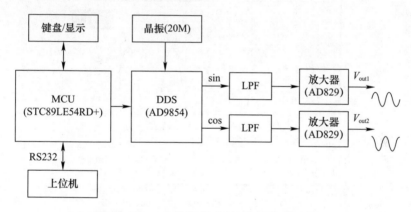

图 3-23 正弦信号发生器电路原理图

正弦信号发生器输出的激励电流小,无法直接提供涡流传感器使用,需进行功率放大。功率放大电路共有两级放大:第一级为信号放大;第二级为功率放大。考虑到带宽限制,第一级放大采用 AD829 运算放大器,其增益带宽积为 750MHz,低噪声,满足功放电路要求。功率放大器选用 LT1210 型电流反馈型功率放大器,其输出的驱动电流可达 1.1A,增益为 2 时,其带宽可达 35MHz。经过上述两级放大之后即可得到满足检测需求的激励信号。图 3-24 所示为实际产生的正交参考信号与正弦激励信号。

2. 信号调理电路

涡流检测信号是指检测线圈拾取的感应磁场信号,它具有两个特点:一是与激励信号同频;二是缺陷引起的信号变化很微弱,通常为毫伏甚至微伏级,因此,

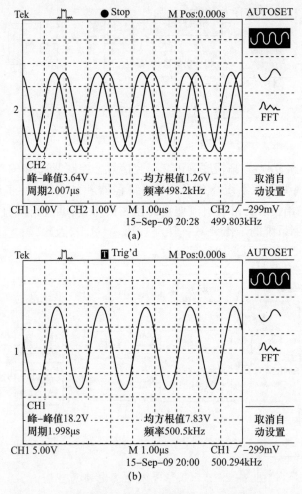

图 3-24 实验用正交参考信号与正弦激励信号
(a)两路正交参考信号;(b)正弦激励信号。

信号调理电路的合理设计十分重要。在对检测信号前端放大电路进行设计时,虽然单片仪表放大器易于控制、设计简单,但常用仪表放大器难以满足带宽要求。例如,AD620 在标准测试情况下,增益带宽积达到 1MHz,但实际使用中信号频率超过 500kHz 以后,会出现明显失真。鉴于此,采用如图 3-25 所示三运放集成的仪表放大器电路。实际检测时电桥电路的两个输出端接入两片宽带宽低噪声的运算放大器 AD829,然后采用均一增益带宽的差分运算放大器 AMP03 对两路放大信号进行差分。AD829 增益带宽积可达 750MHz,AMP03 带宽可达 3MHz,因此可满足系统对信号前端放大的要求。

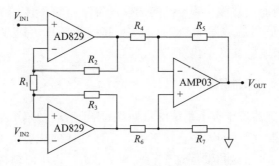

图 3-25　信号前端放大电路

锁定放大(Lock-in Amplifier,LIA)是一种利用互相关原理实现微弱周期信号检测的技术,如果待测信号与参考信号的频率相同,通过互相关运算可以将混杂在大量非相关噪声中的微弱有用信号检测出来,同时达到抑制干扰的目的。正交型 LIA 和普通的 LIA 不同,经过前端放大的检测信号经过信号通道后,分别输入两个不同的相敏检波器。如图 3-26 所示正交锁相放大的原理图,其中一路参考信号的相位为 θ,另一路的相位为 $\theta+90°$,信号经过低通滤波器后输出一路同相输出 R_{OI} 和一路正交输出 R_{OQ}:

$$R_{OI} = \frac{CD}{2}\cos\beta = I$$
$$R_{OQ} = \frac{CD}{2}\sin\beta = Q$$

(3-3)

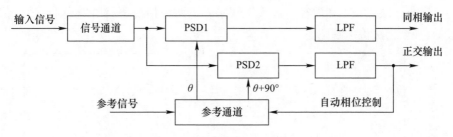

图 3-26　正交锁相放大原理图

由此可计算得出检测信号幅值 C 和相位 β 分别为 $C = \sqrt{I^2+Q^2} \times \frac{2}{D}$,$\beta = a\tan\left(\frac{I}{Q}\right)$,其中 D 为参考信号幅值。

选用 AD734 作为正交锁相放大电路的乘法器,AD734 是功能完备的四象限乘法器,其带宽可达 10MHz。经过正交锁相放大器之后的有用信号几乎成为直流信号,因此低通滤波器截止频率 f_w 的选择只需保证直流信号通过即可,这里选择八阶巴特沃斯低通滤波器 MAX291 实现,其截止频率可以在 0.1Hz~25kHz 范围内设置,通带响应非常平坦。

3.7.2 传感器设计和制作

涡流检测传感器位于整个系统的最前端,用于拾取缺陷引起的感应电磁场的变化量,其检测灵敏度的大小直接影响着整体性能的优劣。针对飞机起落架轮毂发动机叶片、涡轮盘和轴等这些检测对象,分析其几何结构及受力特征可知,疲劳裂纹多出现在试件表面,待测面为小曲率半径的弧面,因此,考虑采用表面放置式线圈探头。下面通过有限元仿真分析线圈尺寸大小对检测灵敏度的影响,为实际制作提供参考。

1. 线圈半径与检测灵敏度

根据缺陷引起的检测线圈阻抗相对变化量 $S_1 = \Delta Z_1 / Z_1$ 判断线圈检测灵敏度,待测试件的尺寸参数和材料属性同 3.3 节,其表面出现长 $l_c = 10\text{mm}$、宽 $w_c = 0.5\text{mm}$、深 $d_c = 1.0\text{mm}$ 的裂纹,其电导率 $\sigma = 0$,相对磁导率 $\mu_r = 1$。当线圈的匝密度 n_s 保持不变,高为 3.0mm,内径 r_1 从 1.25mm 增加到 9.25mm,外半径 r_2 从 2.75mm 增加到 10.75mm,平均半径 $r = (r_1 + r_2)/2$,提离 $l_1 = 0.5\text{mm}$,检测频率 $f = 1\text{kHz}$。线圈灵敏度 S_1 与半径 r 的关系曲线如图 3 - 27 所示,得出结论如下:①随线圈平均半径 r 增大,检测灵敏度 S_1 的幅值出现极大值,然后减小,相位单调变化;②当平均半径 r 约等于缺陷长 l_c 时,线圈有最好的检测灵敏度;③在外径 r_2 远小于缺陷长 l_c 和内径 r_1 远大于缺陷长 l_c 两种情况下,线圈检测灵敏度都很低,甚至无法检出缺陷。

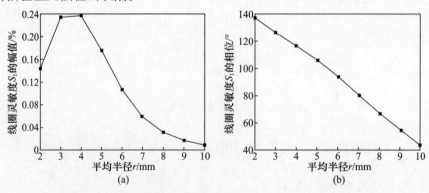

图 3 - 27 线圈检测灵敏度 S_1 与其平均半径 r 的关系曲线

(a)幅值;(b)相位。

2. 线圈高度与检测灵敏度

检测灵敏度 S_1 与线圈高 h 的关系曲线如图 3-28 所示。此时,内径 r_1 = 2.25mm,外半径 r_2 = 3.75mm,高 h 从 2.0mm 增加到 12.0mm,匝密度 n_s 保持不变,提离 l_1 = 0.5mm,检测频率 f = 1kHz。得出结论如下:随着线圈高度 h 增大,检测灵敏度 S_1 的幅值和相位均单调减小。产生这种结果是因为在线圈内、外径不变的情况下,随着高度的减小,线圈磁场的聚集性越好,在靠近线圈附近磁场更强,从而使导体内涡流密度 J_e 增大(图 3-29),因此,减小线圈高度有利于提高检测灵敏度。

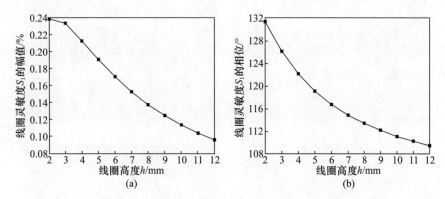

图 3-28 线圈检测灵敏度 S_1 与其高度 h 的关系曲线

(a)幅值;(b)相位。

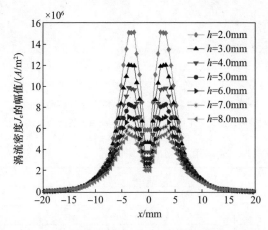

图 3-29 导体表面的感应涡流密度随线圈高度的变化特征

综合上述分析可知,选用小直径的扁平线圈探头可提高表面缺陷的检测灵敏度。线圈直径小,可更好地贴近弧形检测面,降低试件形状产生的附加提离干扰(见3.3节分析),有利于检测。基于此,针对实验用的三类导体试件,设计制作了检测和参考线圈,如图3-30(a)所示。线圈均采用0.08mm的漆包线绕制,骨架材料为聚四氟乙烯,骨架底部厚0.5mm,其尺寸和电气参数如表3-1所列,线圈的直流电阻R_0和电感系数L_0均为100Hz串联测量。两个线圈电气参数不完全一致,这是实际制作过程中不可避免的,但应尽量减小这种差别,可显著改善后段电桥电路的检测性能。

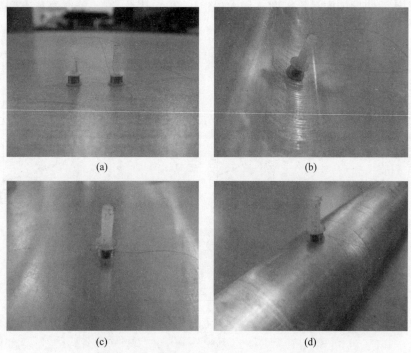

图3-30 实验用的涡流线圈及待测导体试件
(a)检测线圈和参考线圈;(b)检测线圈置于凹面试件上;
(c)检测线圈置于平面试件上;(d)检测线圈置于凸面试件上。

表3-1 实验用检测和参考线圈的尺寸和电气参数

参数	检测线圈	参考线圈
内径 r_1	2.25mm	2.25mm
外径 r_2	3.75mm	3.75mm
高 h	4.0mm(-0.5mm×2)	4.0mm(-0.5mm×2)
匝数 N	552 匝	552 匝
直流电阻 R_0	36.22Ω	35.76Ω
电感系数 L_0	1.458mH	1.455mH

3.7.3 实验结果分析

在下面的分析中,将经过差分运放之后的桥路输出电压记为 ΔU,ΔU 经过正交锁相放大之后成为两路正交的直流信号 ΔU_x 和 ΔU_y。本节利用实验中线圈提离增加、缺陷参数变化以及频率改变时所得电压值 ΔU_x 和 ΔU_y 的变化规律来验证上述仿真结果和理论分析的正确性。3 个铝质试件的待测面分别为凹面、平面和凸面,如图 3 - 30(b)、(c)和(d)所示,其厚约为 5mm,弧面曲率半径约为 15mm 和 12mm。检测电桥电路的连接方式如图 2 - 2(b)所示,桥臂电阻值 Z_2 和 Z_3 均为 100Ω,电桥输入电压峰值为 18V,检测频率在 10 ~ 800kHz 变化。此外,由于实际制作的两个线圈的直流电阻 R_0 和电感系数 L_0 分别存在 1.27% 和 0.66% 的偏差,因此,当它们置于同样条件下时,桥路不会完全平衡,而有一个很小的初始输出,其大小与频率有关。

实际检测时将参考线圈放在空气中,检测线圈置于平板试件表面,其提离高度 l_1 从 0mm 变化到 4.5mm,每间隔 0.5mm 取一个值,实验测量得到的提离信号如图 3 - 31 所示。实测到 35 ~ 38kHz 的频率上提离 - 电压轨迹确实发生了弯曲,但 100 ~ 500kHz 所测仍可近似看作直线;频率一定,提离增加,桥路输出电压的幅值减小,并且在越靠近试件时,提离增加引起的衰减越快,其变化规律与仿真分析结果吻合。

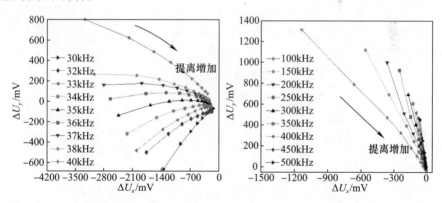

图 3 - 31 实验测量得到的提离 - 桥路输出电压轨迹($L_{pla} = \infty$)

针对弧面试件表面加工的 4 条大小不等的矩形槽曲线:15mm × 1mm × 0.5mm、15mm × 1mm × 1.0mm、15mm × 1mm × 2.0mm 和 15mm × 1mm × 3.0mm,所测的缺陷信号和提离信号如图 3 - 32 所示,其结果表明,确实存在缺陷信号围绕提离轨迹顺时针旋转的现象,并且两者之间的夹角随频率发生改变,在实测时并未确切找到使 $\Phi = 90°$ 的频率点 $f_\perp$,但从图 3 - 33 中所测得 $\Phi \sim f$ 的曲线变化推断,确实存在这样一个频率点$f_\perp$,可使缺陷信号在垂直于提离轨迹的方向上变化,$\Phi \sim f$的变化特征与仿真结果基本一致,这说明对于曲率半径较小的弧面试件,采用相位旋转抑制提离干扰是可行的。

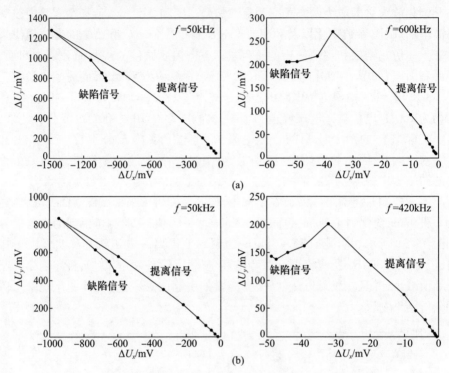

图3-32 实验测量得到的缺陷信号的变化
(a)凹面,$L_{cav}=15$mm;(b)凸面,$L_{vex}=11.5$mm。

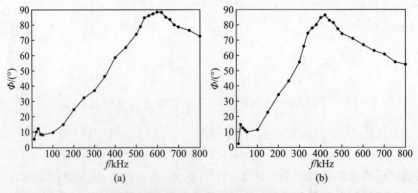

图3-33 实验测得缺陷信号与提离轨迹的夹角变化曲线
(a)凹面,$L_{cav}=15$mm;(b)凸面,$L_{vex}=11.5$mm。

参 考 文 献

[1] Hoshikawa H, Koyama K, Karasawa H. A New ECT Surface Probe without Lift – off Noise and with Phase Information on Flaw Depth[J]. Proceedings of AIP Conference, 2001, 557:969 – 976.

[2] He D F, Yoshizawa M. Dual – frequency Eddy – current NDE Based on High – Tc rf SQUID[J]. Physica C: Superconductivity, 2002, 383(3):223 – 226.

[3] Tian G Y, Sophian A. Reduction of Lift – off Effects for Pulsed Eddy Current NDT[J]. NDT&E International, 2005, 38(4):319 – 324.

[4] Amineh R K, Sadeghi H. Suppressing Sensor Lift – off Effects on Cracks Signals in Surface Magnetic Field Measurement Technique[J]. IEEE International Conference on Industrial Technology, Maribor, Slovenia, 2003:360 – 363.

[5] Mayos M, Mastorchio S, Aubry L, et al. Simulation of the Behavior of Cecco Probes to Lift – Off and Tilt Effects during Tube Inspection[J]. Electromagnetic Nondestructive Evaluation III, 1999:208 – 216.

[6] Takagi T, Hashimoto M, Fukutomi H, et al. Benchmark Models of Eddy Current Testing for Steam Generator Tube: Experiment and Numerical Analysis[J]. International Journal of Applied Electromagnetics in Materials, 1994, 5(3):149 – 162.

[7] 陈德智, 邵可然. 管道裂纹涡流检测线圈阻抗信号的快速仿真[J]. 电工技术学报, 2000, 15(6):75 – 78.

[8] 高晋占. 微弱信号检测[M]. 北京: 清华大学出版社, 2004.

[9] 康中尉, 罗飞路, 陈棣湘. 利用正交型锁相放大器实现三维磁场微弱信号检测[J]. 传感器技术, 2004, 23(12):69 – 72.

[10] 高军哲, 罗飞路, 潘孟春, 等. 基于AD9850和AD9854的涡流检测系统信号源设计[J]. 电子器件, 2009, 32(2):394 – 497.

第4章 盘孔结构径向应力裂纹检测及干扰消除

4.1 引 言

航空发动机是高速旋转的复杂机械结构,并且工作在高速、高负荷(高应力)和高温等恶劣环境下,极易产生疲劳裂纹缺陷和破损,对飞机安全飞行构成严重威胁[1-2]。随着可靠性要求的提高,飞机定期检测逐渐被视情维修、状态监控维修所代替,因此原位检测技术随之发展并获得了广泛的应用。航空发动机检修中,涡轮叶片是发动机中的重要承力件,其表面易产生应力裂纹,内窥检测、电磁检测等技术应用研究较多[3-6]。但在实际工作中发现,发动机其他承力部位同样也是裂纹极易出现的部位,如某型飞机发动机篦齿盘用于防止高压压气机后的空气泄漏到压气机泄荷腔,是发动机工作时的关键性零件。该盘在工作状态下受到较高的弯曲振动应力,盘均压孔附近极易产生疲劳裂纹(图4-1),对发动机的正常使用和飞机安全飞行构成威胁,曾造成严重事故,因此对其实现不拆卸的在役检测是航空发动机检修的又一个关键点[7-9]。

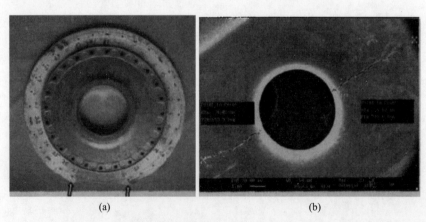

(a)   (b)

图4-1 篦齿盘断裂及均压孔裂纹形貌(沿径向开裂)
(a)篦齿盘主盘残骸件;(b)均压孔附近裂纹。

由于待检测部位处于飞机内部,检测探头必须经过飞机蒙皮、发动机外壳和外涵道的狭小空间,使超声、射线、渗透等无损检测方法难以实施,涡流检测技术则因其无须耦合剂、对表面裂纹灵敏度高等优点,成为可行的检测方法。同时,分析篦齿盘的受力特征,由于结构设计上的原因,使均压孔的应力水平高,再加上使用过程中的振动应力,导致在孔两侧产生的疲劳裂纹均为径向开裂。在涡流检测中,根据这类待测试件的结构及受力特征,可将它归结为盘孔裂纹检测问题,即在一定厚度的导体件上存在小直径孔,由于应力集中导致孔附近出现开裂,这一类目标件在实际中较为常见(如搭接金属结构中的紧固件孔、机翼机身衔接接耳、输送或蒸汽管道的对接孔等),但也因结构相对复杂,不像涡流叶片那种面状检测或管道检测,有通用探头可用,需要根据试件形状和特定参数进行设计。

根据盘孔几何特征及疲劳裂纹走向,选择探头插入式的检测方式。在此基础上,从提高检测灵敏度和增强裂纹信号的角度考虑[10],提出了两种不同结构形式的涡流检测探头——单线圈绝对式探头(接入电桥电路)和三线圈差分式探头,并与一种双线圈正交式探头做对比分析。针对3种涡流探头对盘孔裂纹内的检测,建立对应的三维涡流场-电路耦合分析的有限元模型,研究了探头中激励线圈的尺寸对检测灵敏度的改善,并根据3种探头自身的独特性,着重分析了绝对式探头内外径变化对后接桥路输出信号的影响、差分式探头中激励线圈和检测线圈匝数比变化对检测灵敏度与增强裂纹信号的影响以及正交式探头中检测线圈长径比设计和检测方位性问题,从检测特征及灵敏度上对比分析了3种探头的优、缺点,研究了盘孔检测时探头易出现的偏移干扰问题。利用设计绕制的涡流探头对篦齿盘标准件进行检测,其结果表明,所提出的两种探头能够很好地实现盘孔径向小裂纹的检测,文中所得结论对解决实际工程应用中盘孔检测探头的设计提供了参考。

4.2 盘孔径向裂纹检测机理

4.2.1 裂纹走向与探头结构设计

由4.1节分析可知,盘受力特征决定了疲劳裂纹一般出现在孔周围,并且在盘的上、下端面均有可能出现,因此表面放置式检测方式不适用上述情况。一是在这种方式下,探头对孔的存在敏感,由此产生的信号比裂纹信号大很多;二是必须对上、下表面各实施一次检测,不利于提高检测效率。这里选择探头插入式的检测方式(图4-2),其优点是:孔本身不再对检测造成干扰,并且能同时完成盘孔上下表面的检测,提高了检测效率。此外,这种探头可在盘孔周围感应出顺孔边缘周向流动的涡流(图4-3),这种涡流的分布特征对径向裂纹极为敏感。

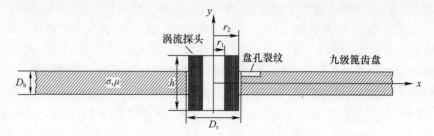

图4-2 盘孔涡流检测模型示意图

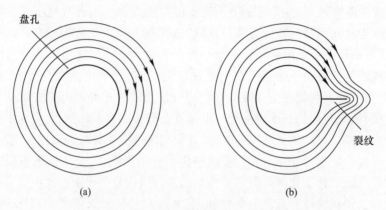

图4-3 裂纹对顺孔边缘周向流动涡流的扰动特征
(a)无裂纹;(b)有裂纹。

针对插入式的检测方式,从提高检测灵敏度和增强裂纹信号的角度考虑,文中提出和设计了3种结构形式的盘孔涡流检测探头,如图4-4所示:①单线圈

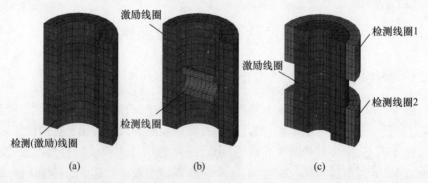

图4-4 盘孔涡流检测探头的有限元模型(1/2剖面,隐去空气单元)
(a)单线圈绝对式探头;(b)双线圈正交式探头;(c)三线圈差分式探头。

绝对式探头,既作激励又作检测,并作为一个桥臂元件接入电桥电路,桥路连接方式同图 2-2,桥臂上另一个与检测线圈同参数的参考线圈置于完好孔内,用于抵消掉大的基准信号,使桥路输出电压仅表示裂纹信号;②双线圈正交式探头,激励和检测线圈成"十"字式交叉放置,检测线圈位于激励线圈内部,两者的中心点重合,中轴线则相互垂直;③三线圈差分式探头,激励线圈位于检测线圈内部,两个检测线圈分别位于激励线圈上下两端,三者的中轴线重合。

4.2.2 求解模型建立及计算方法

根据图 4-2 对盘孔裂纹涡流检测进行三维涡流场-电路耦合分析的有限元仿真,其基本步骤和实现方法请见 2.4.3 节。建模所需的各参数意义如下:圆盘为一线性均匀的非磁性介质,电导率为 σ,磁导率为 μ,厚为 D_h,盘上存在一个小直径的圆孔,其半径为 D_r,孔附近的裂纹长 l_c、宽 w_c、深 d_c,并且 $w_c \ll l_c$。涡流探头置于盘孔内,其中激励线圈的内径为 r_1,外径为 r_2,高为 h,匝数为 N,其中有频率 $\omega = 2\pi f$ 的正弦电流通过。由于裂纹存在,使模型几何边界面不关于场源成旋转对称分布,所以必须建立三维全模型,对该涡流场开域问题仍采用截断法进行处理。

此外,根据 2.4.2 节分析可知,由于 3 种探头外接电路形式不一样,描述对应检测问题的场-电路耦合有限元方程则有所不同:对接入电桥电路的单线圈绝对式探头,符合式(2-58)和式(2-60);对双线圈正交式探头和三线圈差分式探头,则满足式(2-56)。设定模型最外层边界上矢量磁位 $A = 0$ 的强加边界条件,模型内部介质分界面上连续性边界条件是自然边界条件,已纳入对应的有限元方程,能自动满足。采用映射-自由混合划分方式对场域进行离散化,单元形状、网格密度控制请参见 2.4.3 节中步骤 5"求解场域的网格离散化处理",探头区域生成的网格如图 4-4 所示。用直接法进行求解上述 3 个模型。

4.3 检测灵敏度的改善因素

3 种检测探头都是由其内部的激励线圈决定盘孔附近感应涡流的分布特征及密度大小,并最终影响探头的检测性能,因此,本节先从激励线圈的尺寸入手,分析激励线圈与盘厚、孔径的相对大小对探头检测灵敏度的改善。由于激励线圈中电流的相对变化量直接反映了裂纹引起的感应场相对变化大小,因此,下面依据它的变化来判断线圈尺寸改变对检测灵敏度的影响。

4.3.1 激励线圈最佳高度选择

模型参数如下:盘的厚度 D_h 从 3.0mm 增加到 6.0mm,电导率 $\sigma = 3.82 \times 10^7 S/m$,磁导率 $\mu = 4\pi \times 10^{-7} H/m$,孔的直径 D_r 为 5.2mm,裂纹长 $l_c = 7.0mm$、宽 $w_c = 0.5mm$、深 $d_c = 0.5mm$。激励线圈的内径 $r_1 = 1.5mm$,外径 $r_2 = 2.5mm$,高 h 从 2.0mm 增加到 $3D_h$,匝数 $N = 480$,检测频率 $f = 200kHz$,仿真得到线圈高度 - 盘厚与检测灵敏度的关系曲线如图 4-5 所示。

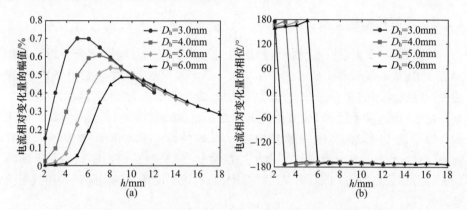

图 4-5 激励线圈高度 - 盘厚 - 检测灵敏度的关系曲线
(a)幅值;(b)相位。

根据法拉第电磁感应定律可知,当探头与盘孔的相对大小不一样时,其感应电磁场的分布状态也会发生变化,其中最关键的影响因素就是激励线圈高度。从图中可以看到,当盘厚 D_h 一定时,随线圈高度 h 增加,电流相对变化量的变化曲线表明线圈的检测灵敏度先增大,然后减小,其幅值存在一个最大值,此时 $h \approx D_h + 3.0mm$,可认为这个高度的线圈具有最好的检测灵敏度。

究其原因,是由于线圈的高度变化,引起沿线圈中轴线上感应场的分布发生了改变。为便于对比分析,以高 $h = 4.0mm$ 线圈中轴线上的磁通量为基准进行归一化,得到如图 4-6 所示各线圈中轴线上 -10mm ~ 10mm 范围内的磁场分布。图 4-7 则表示盘孔附近横截面上的涡流密度分布。结合图 4-6 和图 4-7 分析可知:当线圈高度 h 和盘厚 D_h 之间满足上述尺寸关系式时,整个盘孔范围内具有较强的感应磁场,其分布均匀、变化平缓。此外,受盘孔几何形状影响,在其上、下表面处感应出最强的涡流分布,对表面裂纹的检测最有利;当 $h < D_h/2$ 时,感应涡流主要分布在盘孔内壁,上、下表面涡流密度小,检测灵敏度很低;当 $h > D_h + 3.0mm$ 时,随着 h 增加,盘孔所处位置处的磁场会进一步减弱,检测灵敏度也随之降低。

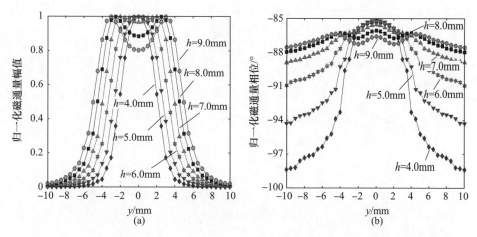

图4-6 沿盘孔中轴线方向上(+y轴)的磁场分布特征($D_h = 4.0mm$)

(a)幅值；(b)相位。

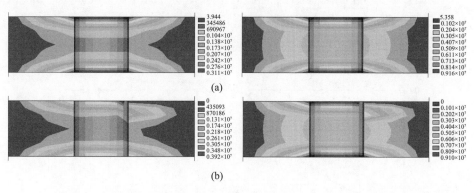

图4-7 盘孔附近横截面上涡流密度分布的彩色云图(局部放大)
(左：实部；右：虚部)(见彩图)

(a)无裂纹时；(b)有裂纹时。

4.3.2 线圈内径与检测灵敏度

模型参数如下：盘厚 $D_h = 4.0mm$，孔径 D_r 为 5.2mm。激励线圈的外径 $r_2 = 2.5mm$，高 $h = 7.0mm$，内径 r_1 从 0.8mm 增大到 2.0mm，匝密度保持不变，检测频率 $f = 200kHz$，计算得到检测灵敏度随线圈内径 r_1 的变化曲线如图4-8所示。从图中可以看出，线圈内径 r_1 增大，电流相对变化量幅值也增大，检测灵敏度提高，这说明线圈的检测灵敏度和线圈内径之间存在单调递增的关系。

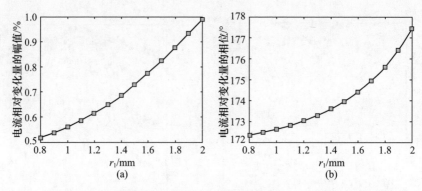

图4-8 激励线圈内径增大-检测灵敏度的变化曲线

(a)幅值;(b)相位。

4.3.3 线圈外径与检测灵敏度

模型参数如下:激励线圈的内径 $r_1 = 0.75\text{mm}$,高 $h = 7.0\text{mm}$,外径 r_2 从 1.5mm 增大到 2.5mm,匝密度保持不变,检测频率 $f = 200\text{kHz}$,计算得到检测灵敏度随线圈外径的变化曲线如图4-9所示。从图中可以看出,线圈外径增大,检测灵敏度提高。

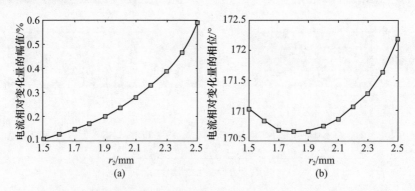

图4-9 激励线圈外径增大-检测灵敏度的变化曲线

(a)幅值;(b)相位。

4.3.4 检测频率对灵敏度的影响

激励线圈的内径 $r_1 = 1.5\text{mm}$,外径 $r_2 = 2.5\text{mm}$,高 $h = 7.0\text{mm}$,匝数 $N = 480$,检测频率 f 由 1kHz 增加到 1MHz。计算得到线圈灵敏度随频率的变化曲线如图4-10所示。从图中可以看出,在 70kHz 附近的频率上,激励线圈的检测灵敏度最高,然后随频率增大到 1MHz,灵敏度下降约 0.28%。

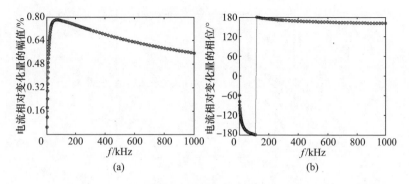

图 4-10 线圈灵敏度随检测频率的变化特性
(a)幅值;(b)相位。

综合上述分析可知：

(1) 当探头中激励线圈高度 h 与盘厚 D_h 之间满足 $h \approx D_h + 3.0 \text{mm}$ 时,可使检测探头具有最好的检测灵敏度；当盘孔直径 D_r 一定,尽量增大激励线圈外径,有利于提高检测灵敏度；增大线圈内径,检测灵敏度增大,但输出信号的变化量减小,因此内径需要折中考虑检测灵敏度和信号变化量之后选取。

(2) 当检测频率较低时(<10kHz)时,探头的检测灵敏度低,随着频率增大,灵敏度增高到极大值(在70kHz左右),在80kHz～1MHz的范围内,灵敏度曲线平缓下降,变化较小。

4.4 三类探头检测性能对比

4.4.1 绝对式探头检测性能

如图 4-4(a)所示绝对式探头只有一个线圈,它既作激励又作检测,并且被接入电桥电路成为一个桥臂元件,另一个与检测线圈同参数的参考线圈也被接入桥路,检测时将它置于无裂纹的孔内,以消除导体试件产生的大基准信号,盘孔裂纹引起的线圈阻抗变化通过桥路转换成电压输出。这种探头的结构形式很简单,并且桥路对线圈阻抗的变化具有很好的放大作用。

由 4.3 节的分析可知,在绝对式探头中,虽然增大线圈内、外径均可提高检测灵敏度(即信号相对变化量),但信号绝对变化量却并不随两者单调递增。设裂纹存在引起的线圈端电压绝对变化量为 ΔU,当线圈内、外径变化时,ΔU 的幅值曲线如图 4-11 所示,随外径 r_2 增大,ΔU 增大,但随内径 r_1 增大,ΔU 却减小。因此,当盘孔直径一定时,可尽量加大线圈外径,但线圈内径需折中考虑灵敏度和信号绝对变化量之后选取。

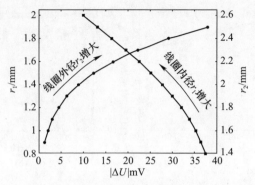

图 4-11 线圈内外径增大使其电压绝对变化量曲线

下面计算分析检测频率和桥路对输出信号的影响,模型参数如下:盘厚 $D_h=4.0\text{mm}$,孔径 D_r 为 5.2mm;径向裂纹长 $l_c=7.0\text{mm}$,宽 $w_c=0.5\text{mm}$,深 $d_c=0.5\text{mm}$;检测线圈内径为 $r_1=1.5\text{mm}$,外径为 $r_2=2.5\text{mm}$,高为 $h=7.0\text{mm}$,匝数为 $N=766$。电桥电路的连接方式如图 4-12 所示,其输入电压峰值为 25V,初始相位为 0,频率 f 由 1kHz 增加到 1MHz。参考线圈与检测线圈的参数相同,并置于无裂纹的孔内,$Z_2=Z_3=100\Omega$,记桥路输出信号为 U_{out},当裂纹存在时,U_{out} 随检测频率 f 的变化曲线如图 4-12 所示。

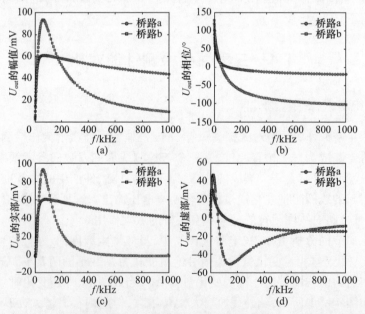

图 4-12 输出电压 U_{out} 随桥接方式和检测频率 f 的变化曲线
(a)幅值;(b)相位;(c)实部;(d)虚部。

由图中可得出如下结论:①随着频率增大,桥路输出电压 U_{out} 幅值先增大到最大值,然后减小,说明存在某一个频率(60~70kHz),使桥路输出信号最大;②对桥接方式 b 来讲,在过高的检测频率下,输出信号 U_{out} 很小,但桥接方式 a 却不存在这种现象;③当频率较低时,桥路 b 的输出信号大于桥路 a,但是随频率增高,桥路 a 的输出信号则大于桥路 b,这说明当检测频率很高时,选择桥接方式 a 有利于增强裂纹信号。

4.4.2 差分式探头检测性能

如图 4-4(c)所示三线圈差分式探头,激励线圈在检测线圈内部,三者的中轴线重合,其中两个检测线圈分别处于激励线圈上下端,设其感应电压分别为 ξ_1 和 ξ_2,探头的输出信号 $\Delta\xi = \xi_1 - \xi_2$。当盘孔附近没有裂纹时,$\Delta\xi = 0$,一旦有裂纹出现,则 $\Delta\xi \neq 0$,显示有裂纹存在,裂纹越大,信号值越大。因此,这种探头具有自差分和自调零的特点。

根据 4.3.1 节分析知道,增大激励和检测线圈的内、外径有利于检测,但受盘孔直径的限制,采用三线圈组合的检测探头时,仍必须综合考虑激励和检测线圈的尺寸,以尽可能增强裂纹信号。由于线圈截面积随其匝数发生变化,下面从激励和检测线圈两者的匝数比 k_{dp} 进行分析。假设线圈匝密度保持不变,对应 $k_{\text{dp}} > 1$、$k_{\text{dp}} = 1$ 和 $k_{\text{dp}} < 1$ 的三组线圈参数如表 4-1 所列,盘厚 $D_{\text{h}} = 4.0\text{mm}$,孔径 D_{r} 为 5.2mm,径向裂纹长 $l_{\text{c}} = 7.0\text{mm}$,宽 $w_{\text{c}} = 0.5\text{mm}$,深 $d_{\text{c}} = 0.5\text{mm}$。

表 4-1 三线圈差分式探头对应的尺寸和电气参数

参数	$k_{\text{dp}} > 1$		$k_{\text{dp}} = 1$		$k_{\text{dp}} < 1$	
	激励线圈	检测线圈 1 和 2	激励线圈	检测线圈 1 和 2	激励线圈	检测线圈 1 和 2
内径 r_1/mm	0.75	1.67	0.75	1.64	0.75	1.60
外径 r_2/mm	1.57	2.49	1.54	2.50	1.50	2.50
高 h/mm	7.0	2.5	7.0	2.5	7.0	2.5
匝数 N	450	410	430	430	410	450
直流电阻 R_0/Ω	4.478	18.664	4.189	19.480	3.942	20.189
电感系数 L_0/mH	0.098	0.464	0.087	0.501	0.077	0.534

激励线圈上加恒压源,电压峰值为 25V,初始相位 0,频率 f 由 1kHz 增加到 1MHz,对匝数比 k_{dp} 不同的 3 个差分式探头进行建模计算,得到探头的输出信号 $\Delta\xi$ 随 f 的变化曲线如图 4-13 所示。从图中可得出如下结论。①当激励线圈和检测线圈的匝数比 $k_{\text{dp}} < 1$ 时,探头输出信号的幅值最大;$k_{\text{dp}} = 1$ 时,次之;$k_{\text{dp}} > 1$ 时,输出信号幅值最小,但三者相位基本重合。②对比 3 种匝数比的探头,它们的

输出信号 $\Delta\xi$ 与频率 f 的关系曲线相似,均在 60~70kHz 存在一个极大值,随后频率继续增大,输出信号幅值略微减小。由于检测线圈的感应电压与周围电磁场的变化有关,而场的变化又与激励线圈电流的变化紧密联系在一起,因此探头输出信号的这种变化规律与激励线圈检测灵敏度随频率的变化趋势一致(图 4-10)。

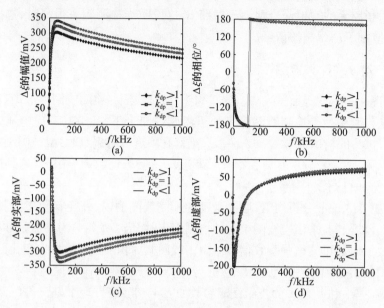

图 4-13 裂纹信号随线圈匝数比 k_{dp} 和检测频率 f 的变化曲线
(a)幅值;(b)相位;(c)实部;(d)虚部。

4.4.3 正交式探头检测性能

如图 4-4(b)所示双线圈正交式探头,小检测线圈位于激励线圈内部中心位置处,两者的中心点重合,中轴线相互垂直。设检测线圈上的感应电压为 ξ,当盘孔周围无裂纹或裂纹走向与检测中轴线方向近似平行时,ξ 均为零。只有当盘孔附近出现裂纹,并且裂纹开裂方向与检测线圈中轴线不垂直时,$\xi\neq 0$,可显示有裂纹存在。因此,这种探头具有自调零的优点,同时其检测灵敏度具有方向性,即它对垂直于检测线圈中轴线走向的裂纹,检测灵敏度最高,而平行于检测线圈中轴线走向的裂纹,检测灵敏度最低。

下面分析双线圈正交式探头的尺寸变化对输出信号 ξ 的影响。模型参数如下:盘厚 $D_h=4.0$mm,孔径 D_r 为 5.2mm,径向裂纹长 $l_c=7.0$mm,宽 $w_c=0.5$mm,深 $d_c=0.5$mm。探头参数如表 4-2 所列,检测线圈匝密度保持不变,并且其中轴线与裂纹方向一致。给激励线圈施加峰值为 25V,初始相位为 0°的正弦电压。

对不同长径比 k_{hr}(即线圈高 h 和直径 $2r_2$ 之比)的检测线圈,当激励源的频率 f 由 1kHz 增加到 1MHz,得到探头输出信号 ξ 随 f 的变化曲线如图 4-14 所示。得出结论如下。①当检测线圈的长径比 k_{hr} 较大时,输出信号 ξ 很微弱,如图中 $k_{hr}=2.07$,随着 k_{hr} 减小,输出信号幅值显著增大,但长径比不同的 3 种探头,其输出信号相位基本重合。这说明减小检测线圈的长径比 k_{hr} 可有效增强输出信号。②受激励线圈中电流变化的影响,3 种长径比的检测线圈,其输出信号 ξ 与频率 f 的关系曲线相似,均在 80~90kHz 存在一个极大值,随后频率继续增大,输出信号幅值略微减小。

表 4-2 双线圈正交式探头对应的尺寸和电气参数

参数	激励线圈	检测线圈		
		$k_{hr}=2.07$	$k_{hr}=1.14$	$k_{hr}=0.58$
内径 r_1/mm	2.0	0.5	0.5	0.5
外径 r_2/mm	2.5	0.87	1.32	1.73
高 h/mm	7.0	3.6	3.0	2.0
匝数 N	700	266	492	492
直流电阻 R_0/Ω	34.469	3.982	9.798	12.066
电感系数 L_0/mH	0.878	0.023	0.134	0.224

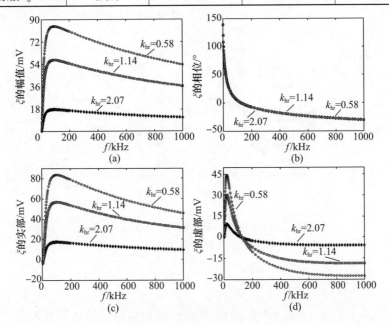

图 4-14 检测线圈长径比 k_{hr}-检测频率 f 对裂纹信号的影响
(a)幅值;(b)相位;(c)实部;(d)虚部。

假设裂纹的走向与检测线圈中轴线($+x$ 向)存在一定的夹角 θ(图 4 – 15),建立对应的有限元模型,计算得到不同走向裂纹引起的探头输出信号 ξ 的变化曲线如图 4 – 16 所示。从图中可以看到:当 $\theta = 0°$、$180°$ 或 $360°$ 时,ξ 的值最大;当 $\theta = 90°$ 或 $270°$ 时,$\xi = 0$,此时无法有效检出裂纹。在 θ 从 $0°$ 到 $360°$ 的整个范围内,ξ 按余弦曲线变化,这说明正交式探头具有明显的方向性,会增大裂纹的漏检率,让探头在孔内旋转检测可消除此问题,但会降低检测效率。

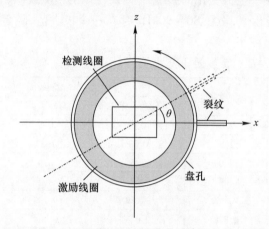

图 4 – 15　裂纹与检测线圈中轴线的相对位置

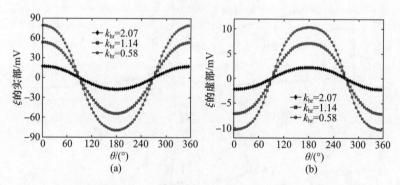

图 4 – 16　裂纹走向不同探头输出信号的变化曲线
(a)实部;(b)虚部。

4.4.4　三种探头灵敏度对比

综合 4.4.1 节 ~ 4.4.3 节的分析,对比 3 种检测探头的灵敏度发现:差分式探头的检测灵敏度最高,比绝对式探头和正交式探头对径向裂纹敏感很多(在上述计算参数下,灵敏度高出 3 倍以上),后两种探头的检测灵敏度相当,但正交式探头的检测具有方向性,即只对与检测线圈中轴线平行走向的裂纹最灵敏,对其他走向的裂纹,其检测灵敏度迅速下降,甚至为零。绝对式探头则不存在这种问题,因此,在实际检测中,可认为绝对式探头比正交式探头具有更高的检测灵敏度。

4.5 探头偏移干扰及其抑制

在实际检测盘孔时,如果探头放置不到位,与盘的中心线($+x$ 轴)存在一定偏移量 p_y(图4 – 17),势必会给检测信号造成一定干扰。设当 $p_y = 0$ 时,探头的输出信号为 S_c,当 $p_y \neq 0$ 时,输出信号为 S_{c+n},则输出信号的相对变化量为 $(S_{c+n} - S_c)/S_c$,它可表示偏移干扰信号的大小。下面分析3种检测探头受偏移干扰的程度。

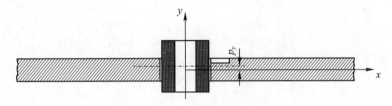

图4 – 17 探头偏移示意图

当探头偏移 $p_y = 0.5\text{mm}$ 时,对绝对式、匝数比 $k_{dp} < 1$ 的差分式和长径比 $k_{hr} = 0.58$ 的正交式3种检测探头(参数请见4.3节对应说明),计算其输出信号的相对变化量分别如图4 – 18(a)、(b)和(c)所示。从图中可以看到,正交式探头受偏移干扰的影响最小,绝对式探头次之,差分式探头受干扰最大。从它们的检测原理分析可知,在 $p_y = 0$ 的理想情况下,绝对式探头利用电桥抵消掉了盘孔的背景信号,如果桥路有输出,它只表示裂纹信号,但当检测探头出现偏移时,盘孔的背景信号不能被完全消除,出现干扰,其大小视检测和参考线圈的相对偏移量而定;对差分式探头,$p_y = 0$,由于两个检测线圈结构上的对称布置,无裂纹其输出信号为零。$p_y \neq 0$,两个检测线圈所处位置的对称性被破坏,会引起较大的干扰信号;对正交式探头,由于检测线圈的平行放置,对激励线圈垂直偏移引起的感应场变化不敏感,因此,不论 $p_y = 0$ 或 $p_y \neq 0$,没有裂纹,检测线圈的输出信号均为零,但探头发生偏移,裂纹存在时的输出信号会随之改变。

对探头偏移干扰抑制的研究中,最后确定从探头的机械结构上进行控制,即为保证探头正好插入盘孔内并且不发生晃动,其直径略小于孔径,同时在探头顶部设计比孔径稍大的端面,保证探头相对于盘孔对称放置,消除偏移。检测时,探头的放置方式如图4 – 19所示,这是一种简单但确实有效的方法。

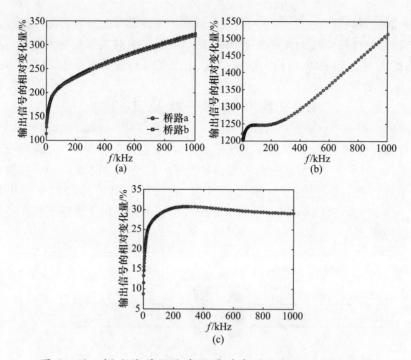

图 4-18 探头偏移给输出信号造成的干扰($p_y = 0.5$mm)

(a)绝对式探头(接入桥路);(b)差分式探头($k_{dp} < 1$);(c)正交式探头($k_{hr} = 0.58$)。

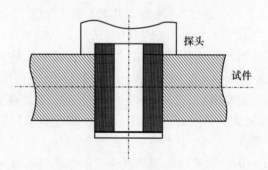

图 4-19 从探头的机械结构上消除偏移

4.6 检测实验及讨论

常规涡流检测实验系统的硬件实现请参见 3.7.1 节,探头输出信号 U 经正交锁相放大之后成为两路正交的直流信号 U_x 和 U_y。篦齿盘标准件如图 4-20 所示,均压孔的直径为 5.2mm,厚度约 4.0mm,在右盘孔边存在一个径向裂纹,其长3.0mm、宽0.2mm、深0.5mm,左边盘孔无裂纹。以上述数值仿真的结果为指导,设计制作了单线圈绝对式探头和三线圈差分式探头。为保证探头正好插入盘孔内并且不发生晃动,其直径略小于孔径。探头顶部设计了大于孔径的端面,这样可保证探头相对于盘孔对称放置,减小偏移干扰。

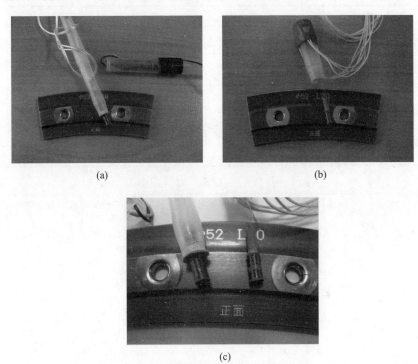

图4-20 实际制作的探头与篦齿盘标准件
(a)绝对式探头(检测与参考线圈);(b)差分式探头($k_{dp}<1$);(c)探头局部放大。

4.6.1 绝对式探头检测结果

绝对式探头接入电桥电路,其连接方式如图4-20(a)所示,检测和参考线圈的参数如表4-3所列,线圈的直流电阻R_0和电感系数L_0均为100Hz串联测量。桥臂电阻$Z_2=Z_3=2.5$kHz,检测时参考线圈置于空气中。由第3章的分析结论可知,导体试件存在总是引起线圈电感系数的降低,因此,在制作参考线圈时考虑这一点,减少了它的匝数,使其电感比检测线圈少,这样当检测线圈放入无裂纹的盘孔内时,有利于调节电桥使其初始输出尽量小,提高桥路的灵敏度。

实验中,检测线圈先后放入无裂纹的盘孔和有裂纹的盘孔中,测得桥路输出电压的结果如表4-4所列。从表中可以看出,由于桥路没有达到平衡,总存在

77

一个初始输出,其大小与检测频率有关。检测结果表明,增大激励频率,有利于增强缺陷信号,在 f = 500～600kHz 时,其中一路电压信号 U_y 的变化量超过了 4%,检测结果能反映裂纹的存在。

表 4-3 实验制作的绝对式探头的尺寸和电气参数

参数	检测线圈	参考线圈
内径 r_1/mm	0.75	0.75
外径 r_2/mm	2.5	2.4
高 h/mm	7.0	7.0
匝数 N	1010	935
线径/mm	0.08	0.08
直流电阻 R_0/Ω	31.24	28.0
电感系数 L_0/mH	0.788	0.642

表 4-4 绝对式探头的实验数据[①]

检测频率/kHz	桥路输出电压	无裂纹的孔/mV	有裂纹的孔/mV	信号相对变化率/%
200	U_x	-164.2	-162.1	-1.21
	U_y	870.6	890.8	2.32
250	U_x	-122.3	-120.5	-1.47
	U_y	752.9	773.2	2.69
300	U_x	-94.5	-93.2	-1.38
	U_y	662.7	682.0	2.91
350	U_x	-75.1	-73.7	-1.86
	U_y	591.6	608.3	2.82
400	U_x	-61.2	-60.5	-1.14
	U_y	534.0	552.5	3.46
450	U_x	-50.7	-49.7	-1.97
	U_y	486.6	503.1	3.39
500	U_x	-42.8	-42.0	-1.86
	U_y	446.9	464.3	3.89
550	U_x	-36.5	-35.8	-1.91
	U_y	413.1	430.9	4.31
600	U_x	-31.5	-30.7	-2.53
	U_y	384.0	401.2	4.47

①表示均为 10 次实验数据的平均值

4.6.2 差分式探头检测结果

差分式探头中3个线圈的尺寸和电气参数如表4-5所列,线圈的直流电阻R_0和电感系数L_0均为100Hz串联测量。其中探头#1的激励线圈和检测线圈的匝数比大于1,约为1.46,探头#2的激励线圈和检测线圈的匝数比小于1,约为0.88。由于实际绕制时不可能做到两个线圈的电气参数完全一致,所以探头#1和#2中两个检测线圈的电气参数都存在一定的偏差(小于1%),导致两检测线圈处于同样条件下时会有一个较小的输出电压。但从表4-6和表4-7中的结果来看,没有裂纹时差分式探头#1和#2的初始输出均较大,分析其中的原因,这主要是由于两检测线圈相对激励线圈的放置位置不是绝对一致造成的。根据前面仿真分析的结论也可看到,差分式探头对盘孔裂纹具有高的检测灵敏度,但同时它也易受到位置和结构的不对称性影响。

表4-5 实验制作的差分式探头的尺寸和电气参数

参数	探头#1($k_{dp}>1$)		探头#2($k_{dp}<1$)	
	激励线圈	检测线圈1和2	激励线圈	检测线圈1和2
内径 r_1/mm	0.75	1.65	0.75	1.55
外径 r_2/mm	1.65	2.50	1.55	2.50
高 h/mm	7.0	2.5	7.0	2.5
匝数 N	600	410	480	540
线径/mm	0.08	0.05	0.08	0.05
直流电阻 R_0/Ω	18.84	45.04 44.85	13.34	58.56 57.56
电感系数 L_0/mH	0.192	0.636 0.632	0.158	0.840 0.835

表4-6 差分式探头#1的实验数据[①]

检测频率/kHz	差分电压	无裂纹的孔/V	有裂纹的孔/V	信号相对变化率/%
50	U_x	0.939	0.929	-1.06
	U_y	2.565	2.617	2.03
100	U_x	0.811	0.795	-2.01
	U_y	2.661	2.749	3.31
150	U_x	0.709	0.689	-2.82
	U_y	2.746	2.862	4.22
200	U_x	0.615	0.573	-6.83
	U_y	2.832	2.982	5.30

① 表示均为10次实验数据的平均值

表 4-7 差分式探头#2 的实验数据[①]

检测频率/kHz	差分电压	无裂纹的孔/V	有裂纹的孔/V	信号相对变化率/%
50	U_x	0.670	0.662	-1.19
	U_y	2.273	2.313	1.76
100	U_x	0.543	0.529	-2.58
	U_y	2.285	2.329	1.93
150	U_x	0.525	0.482	-8.19
	U_y	2.347	2.395	2.05
200	U_x	0.495	0.441	-10.91
	U_y	2.569	2.627	2.23

① 表示均为 10 次实验数据的平均值

从表 4-6 和表 4-7 的实验结果可以看出，虽然背景信号较大，但两个差动探头仍可以分辨出有缺陷和没有缺陷的孔。随着频率的增高，两个探头的输出信号 U_x 逐渐减小，U_y 逐渐增大，裂纹引起两路信号的变化量并不完全一致，$U_y > U_x$。此外，频率增加，探头的灵敏度也增高，在 200kHz 时，探头#1 裂纹信号的变化量超过了 5%，而探头#2 裂纹信号的变化量接近 11%。对比表 4-6 和表 4-7 发现，频率较高时，探头#2 比探头#1 对裂纹更灵敏，即匝数比 $k_{dp} < 1$ 的差分式探头比 $k_{dp} > 1$ 的灵敏。另外，对比绝对式探头和差分式探头的检测结果也可以看出，差分式探头的检测灵敏度要高一些，这一特征与仿真结果吻合。

综合上述分析可知，绝对式和差分式涡流检测探头能很好地实现盘孔周边微小裂纹的检测，其中差分式探头比绝对式探头具有更好的灵敏度，但它对两检测线圈的结构和位置对称性的要求严格；两种探头均可消除检测方向性的。

参 考 文 献

[1] 于辉,左洪福,黄传奇. 先进内窥技术与发动机故障检测[J]. 航空工程与维修,2002(2):20-22.
[2] 田武刚. 航空发动机关键构件内窥涡流集成化原位无损检测技术研究[D]. 长沙:国防科学技术大学,2011.
[3] 陈卫,陈鹏飞,陈煊空. 视情维修下的航空发动机检测技术发展趋势[C]. 航空装备维修技术及应用研讨会论文集,2015.
[4] 丁鹏,李长有,马齐爽,等. 基于小波的航空发动机叶片孔探损伤检测[J]. 北京航空航天大学学报,2006,32(12):435-438.
[5] 罗云林,孟娇茹. 基于小波变换和立体视觉的发动机内窥研究[J]. 辽宁工程技术大学学报,2005,24(4):573-576.
[6] 于霞. 飞机发动机叶片缺陷的电磁检测技术研究[D]. 北京:北京理工大学,2014.

[7] 孙慧贤,张玉华,罗飞路. 航空发动机篦齿盘表面裂纹的视觉检测[J]. 光学精密工程,2009(17):1187-1195.
[8] 赵秀梅,熊瑛,林俊明. 篦齿盘均压孔裂纹涡流检测方法研究[J]. 无损探伤,2008,32(1):9-11.
[9] 崔福绵,付肃真. 某型发动机九级篦齿盘均压孔裂纹及断裂分析[C]. 全国第五届航空航天装备失效分析会议论文集,2006.
[10] 岳明明. 差动式线圈涡流传感器检测机理与应用研究[D]. 北京:北京理工大学,2018.

第5章　层叠导体脉冲涡流探头瞬态响应理论计算

5.1　引　　言

传统的单(多)频涡流检测技术简单可行,对表面或近表面缺陷有着很高的灵敏度,但受趋肤效应的限制,对更深层或第一层以下的结构完整性进行评估时,必须降低检测频率,但检测灵敏度也随之降低。在脉冲涡流检测中,施加给探头的激励信号是一系列矩形脉冲电压(流),它包含丰富的频谱分量,并且信号能量集中,使感应涡流能渗透到更深的试件内部,有效地扩大了检测范围,从理论上讲,可实现对待测物上不同纵深位置的同时检测。近年来,脉冲涡流检测方法日益引起重视和关注。[1-4]

脉冲涡流技术虽然具有上述优点,但在理论模型的建立及信号的物理解释上却比单频涡流检测复杂很多。根据不同的检测对象,各种解析法和数值法均被用于时域涡流场的计算,如 J. Bowler[5]以无限大导体为对象,导出了阶跃和指数两种激励下,电流和导体反射系数乘积的拉普拉斯逆变换,计算了线圈电磁场的时域解。V. O. Haan 等人[6]待测导体的材料和几何特征对场传播的影响出发,将导体的反射系数分段展开求傅里叶反变换,导出了半无限大和有限厚度导体上线圈感应电压的时域表达式。J. Pavo[5]用边界积分法和阻抗型边界条件求解两层导体中任意形状的平面缺陷场问题,通过反傅里叶转换计算时域信号。Y. Li 等人[7]采用截断区域特征函数展开计算了三层导体结构的时谐场问题。H. Tsuboi 等人[8]用棱边有限元法直接求解了 27 号电磁场基准问题(TEAM Workshops Problem 27)的时域响应,[9]用有限元和边界元耦合法对有限厚平板导体中理想裂缝模型进行了时域求解,[10]采用节点有限元法分析了特殊形状探头的三维瞬态涡流场问题。

本章根据实际检测需要,将待测对象由单层有限厚导体扩充到任意 n 层层叠导体结构,建立脉冲涡流检测的电磁场理论模型,用矢量磁势 A 推导得到 n 层导体对涡流探头的反射系数,将之归纳为 n 个子矩阵相乘的形式,并进一步导出了 n 层导体结构所产生的反射磁场和检测线圈感应电压的级数表达式,结合快速傅里叶变换法，研究了不同导体层发生变化时的瞬态响应。最后与有限元时步法所得的结果进行了对比，表明级数展开结合快速傅里叶变换法是一种更快速有效地求解多层导体结构瞬态涡流场的计算方法。这为脉冲涡流检测信号的理论解释及其逆问题研究奠定了基础。

5.2 求解模型建立及计算方法

计算模型如图5-1所示，一个激励-检测式涡流探头置于n层层叠导体结构上方。探头包括两个均匀绕制的同轴圆柱形线圈，小检测线圈位于激励线圈内部，其中激励线圈的内半径r_1，外半径r_2，高$h_d = l_2 - l_1$，绕线匝数N；检测线圈的内半径r_3，外半径r_4，高$h_p = l_4 - l_3$，绕线匝数N'。层叠导体结构由n层导体平板和$n-1$层非导体间隙组成，其中第i层导体为各向同性、线性均匀的介质，电导率σ_i，磁导率$\mu_i = \mu_{r,i}\mu_0$，厚度为d_i，第i层和$i+1$层导体之间的间隙为g_i，磁导率为μ_0，第n层导体下方是半无限大空气域。选择圆柱坐标系(ρ,θ,z)，对应的单位矢量分别为e_ρ、e_θ、e_z，设$z=0$平面与第一层导体表面重合，z轴与线圈对称轴重合并垂直导体向上。将整个求解场域划分为$2n+2$个子区域，使每个区域内仅有一种媒质分布，并且外源位于边界面上，这样便于分析计算。

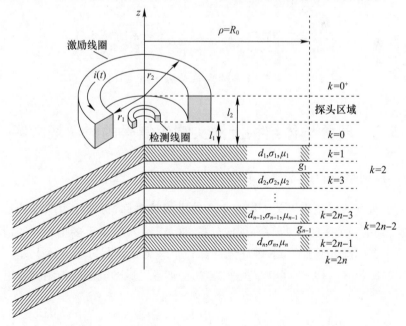

图5-1 激励-检测式涡流探头置于层叠导体结构上方

上述瞬态求解模型的计算方法有以下两个重点。

(1) 整个模型的径向求解空间限定在 $0 \leq \rho \leq R_0$ 的有限范围内，当 R_0 取得足够大时，可认为在外边界上磁场已衰减为零，满足矢量磁位 $A = 0$ 的第一类边界条件，这种处理与涡流场开域问题中的截断法类似。它的优点是：根据偏微分方程理论，可将无穷区域内连续本征谱问题转化有限区域内的离散本征谱问题，结果表达式由积分化为级数求和，避免了广义类 Sommerfeld 积分的运算，使收敛性和计算精度易于控制，对同时计算多个频率非常有利。

(2) 设线圈中流过的电流 $i(t)$ 是瞬态信号，根据傅里叶变换理论，它可分解为一系列正弦信号的线性叠加，由场量与场源之间的关系可知，这些正弦激励的谐波响应可以合成为上述瞬态激励条件下的时域响应，具体过程可表示为图 5-2，其中 FFT (Fast Fourier Transformation)、IFFT (Inverse Fast Fourier Transformation) 表示快速傅里叶变换和快速傅里叶逆变换。

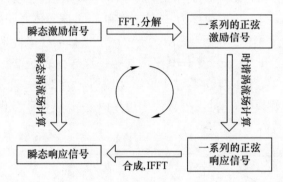

图 5-2　探头瞬态响应信号的 FFT-IFFT 求解

5.3　层叠导体结构上探头响应信号的时谐场求解

5.3.1　反射系数的矩阵表达式

由于所有的媒质边界关于场源中心轴呈旋转对称，可简化为二维轴对称模型求解，其中矢量磁位 A 仅存在周向分量，即 $A = A_\theta e_\theta$。由于多匝线圈的情况可通过单个金属圆环叠加得到，因此先计算一个理想 δ 线圈位于导体上方 (r_0, l_0) 时产生的磁位 A，忽略位移电流及速度效应，则各区域的电磁场控制方程可统一表示为

$$\frac{\partial^2 A^{(k)}}{\partial \rho^2} + \left(\frac{1}{\rho}\right)\frac{\partial A^{(k)}}{\partial \rho} + \frac{\partial^2 A^{(k)}}{\partial z^2} - \frac{A^{(k)}}{\rho^2} - j\omega\mu_k\sigma_k A^{(k)} = 0 \qquad (5-1)$$

式中:$k = 0+, 0, 1, 2, \cdots, 2n$;$\omega$ 为电流角频率;$A(k)$ 同时包含有幅值和相位信息。

假设 δ 线圈中电流密度为 $J = I_0(\omega)\delta(\rho - r_0)\delta(z - l_0)$,则各子区域媒质分界面上的边界条件为

$$A^{(0+)}(\rho, z, \omega)\big|_{z=l_0} = A^{(0)}(\rho, l_0, \omega)\big|_{z=l_0} \tag{5-2}$$

$$\frac{\partial A^{(0+)}(\rho, z, \omega)}{\partial z}\bigg|_{z=l_0} = \frac{\partial A^{(0)}(\rho, z, \omega)}{\partial z}\bigg|_{z=l_0} - \mu_0 I_0(\omega)\delta(\rho - r_0) \tag{5-3}$$

当 $1 \leqslant k \leqslant 2n$ 时,有

$$A^{(k-1)}(\rho, z, \omega)\big|_{z=z_{k-1}} = A^{(k)}(\rho, z, \omega)\big|_{z=z_k} \tag{5-4}$$

$$\frac{1}{\mu_{k-1}}\frac{\partial A^{(k-1)}(\rho, z, \omega)}{\partial z}\bigg|_{z=z_{k-1}} = \frac{1}{\mu_k}\frac{\partial A^{(k)}(\rho, z, \omega)}{\partial z}\bigg|_{z=z_k} \tag{5-5}$$

式中:z_k 为各分界面的 z 轴坐标。将径向求解空间限定在 $0 \leqslant \rho \leqslant R_0$ 的有限范围内,则 A 在 $\rho = R_0$ 的外边界面上满足第一类边界条件且场域内部处处有界:

$$A^{(k)}\big|_{\rho=R_0} = 0 \tag{5-6}$$

$$A^{(k)}\big|_{0 \leqslant \rho < R_0} < \infty \tag{5-7}$$

对式(5-1)利用有界区域内定界问题的分离变数法求解,则各个子区域的通解可表示如下。

(1) δ 线圈上方半无限大空气域:

$$A^{0+}(\rho, z, \omega) = \sum_{m=1}^{\infty} C^{0+} e^{-\lambda_m z} J_1(\lambda_m \rho) \tag{5-8}$$

(2) δ 线圈与导体之间的空气域:

$$A^0(\rho, z, \omega) = \sum_{m=1}^{\infty} (C^0 e^{\lambda_m z} + D^0 e^{-\lambda_m z}) J_1(\lambda_m \rho) \tag{5-9}$$

(3) 第 i 层导体区域:

$$A^{2i-1}(\rho, z, \omega) = \sum_{m=1}^{\infty} (C^{2i-1} e^{\lambda_{i,m} z} + D^{2i-1} e^{-\lambda_{i,m} z}) J_1(\lambda_m \rho) \tag{5-10}$$

(4) 第 $i-1$ 和 i 层导体之间的间隙:

$$A^{2i-2}(\rho, z, \omega) = \sum_{m=1}^{\infty} (C^{2i-2} e^{\lambda_m z} + D^{2i-2} e^{-\lambda_m z}) J_1(\lambda_m \rho) \tag{5-11}$$

(5) 导体下方半无限大空气域:

$$A^{2n}(\rho, z, \omega) = \sum_{m=1}^{\infty} C^{2n} e^{\lambda_m z} J_1(\lambda_m \rho) \tag{5-12}$$

式中：$\lambda_{i,m} = \sqrt{\lambda_m^2 + j\omega\mu_i\sigma_i}$；$\lambda_m$ 是离散的本征值，由式(5-6)可得

$$\lambda_m = \frac{x_m}{R_0}, \quad m = 1,2,3,\cdots \tag{5-13}$$

式中：x_m 是 $J_1(x) = 0$ 的第 m 个根，可通过查表得到。根据边界条件式(5-2)~式(5-5)并利用贝塞尔(Bessel)函数正交性，可确定未知系数 C^{0+}、C^0、D^0、C^{2i-2}、D^{2i-2}、C^{2i-1}、D^{2i-1} 和 C^{2n}，它们之间满足一定的递推关系式，由此可最先求得

$$C^{0+} = \frac{I_0(\omega)\mu_0 r_0 J_1(\lambda_m r_0)}{\lambda_m R_0^2 J_0^2(\lambda_m R_0)}[e^{\lambda_m l_0} + \Gamma(\lambda_m,\omega)e^{-\lambda_m l_0}] \tag{5-14}$$

$$C^0 = \frac{I_0(\omega)\mu_0 r_0 J_1(\lambda_m r_0)}{\lambda_m R_0^2 J_0^2(\lambda_m R_0)}e^{-\lambda_m l_0} \tag{5-15}$$

$$D^0 = \frac{I_0(\omega)\mu_0 r_0 J_1(\lambda_m r_0)}{\lambda_m R_0^2 J_0^2(\lambda_m R_0)}\Gamma(\lambda_m,\omega)e^{-\lambda_m l_0} \tag{5-16}$$

$$C^{2n} = \frac{I_0(\omega)\mu_0 r_0 J_1(\lambda_m r_0)}{\lambda_m R_0^2 J_0^2(\lambda_m R_0)}(-4\lambda_m)^n \prod_{i=1}^{n}(\lambda_i\mu_{r,i})\frac{e^{-\lambda_m l_0}}{\Gamma_{11}} \tag{5-17}$$

余下系数可用递推矩阵表示如下(注意：$d_0 = 0, g_0 = 0, D^{2n} = 0$)。

(1) 第 i 层导体区域的系数：

$$\begin{bmatrix} C^{2i-1} \\ D^{2i-1} \end{bmatrix} = \frac{T_{2i-1}}{2\lambda_{i,m}}\begin{bmatrix} C^{2i} \\ D^{2i} \end{bmatrix} \tag{5-18}$$

其中

$$T_{2i-1} = \begin{bmatrix} (\lambda_{i,m} + \lambda_m\mu_{r,i})e^{-(\lambda_i - \lambda_m)z_{2i-1}} & (\lambda_{i,m} - \lambda_m\mu_{r,i})e^{-(\lambda_{i,m} + \lambda_m)z_{2i-1}} \\ (\lambda_{i,m} - \lambda_m\mu_{r,i})e^{(\lambda_i + \lambda_m)z_{2i-1}} & (\lambda_{i,m} + \lambda_m\mu_{r,i})e^{(\lambda_{i,m} - \lambda_m)z_{2i-1}} \end{bmatrix}$$

$$z_{2i-1} = -\sum_{k=1}^{i}(g_{k-1} + d_k)$$

(2) 第 $i-1$ 层和第 i 层导体之间间隙的系数：

$$\begin{bmatrix} C^{2i-2} \\ D^{2i-2} \end{bmatrix} = \frac{T_{2i-2}}{2\lambda_m\mu_{r,i}}\begin{bmatrix} C^{2i-1} \\ D^{2i-1} \end{bmatrix} \tag{5-19}$$

其中

$$T_{2i-2} = \begin{bmatrix} (\lambda_{i,m} + \lambda_m\mu_{r,i})e^{(\lambda_{i,m} - \lambda_m)z_{2i-2}} & -(\lambda_{i,m} - \lambda_m\mu_{r,i})e^{-(\lambda_{i,m} + \lambda_m)z_{2i-2}} \\ -(\lambda_{i,m} - \lambda_m\mu_{r,i})e^{(\lambda_{i,m} + \lambda_m)z_{2i-2}} & (\lambda_{i,m} + \lambda_m\mu_{r,i})e^{-(\lambda_{i,m} - \lambda_m)z_{2i-2}} \end{bmatrix}$$

$$z_{2i-2} = -\sum_{k=1}^{i}(d_{k-1} + g_{k-1})$$

将上述对应的系数带入式(5-8)~式(5-12)可得一个理想 δ 线圈在各区域内产生的磁位 $A(\rho,z,\omega)$。在此基础上,根据叠加原理,将各式中 l_0 在 $[l_1,l_2]$、r_0 在 $[r_1,r_2]$ 内求积分则得到一个均匀绕制 N 匝圆柱形线圈在各区域内产生的矢量磁位 $\boldsymbol{A}_c(\rho,z,\omega)$,其中线圈上方和下方空气中矢量磁位 $\boldsymbol{A}_c(\rho,z,\omega)$ 分别为

$$\boldsymbol{A}_c^{(0+)}(\rho,z,\omega) = \frac{i(\omega)\mu_0 N}{(l_2-l_1)(r_2-r_1)} \times \sum_{m=1}^{\infty}\begin{bmatrix} e^{\lambda_m l_2} - e^{\lambda_m l_1} - \\ \Gamma(\lambda_m,\omega)(e^{-\lambda_m l_2} - e^{-\lambda_m l_1}) \end{bmatrix} \times \phi_1(\lambda_m)e^{-\lambda_m z} \tag{5-20}$$

$$\boldsymbol{A}_c^{(0)}(\rho,z,\omega) = \frac{i(\omega)\mu_0 N}{(l_2-l_1)(r_2-r_1)} \times \sum_{m=1}^{\infty}[-e^{\lambda_m z} - \Gamma(\lambda_m,\omega)e^{-\lambda_m z}] \times$$
$$\phi_1(\lambda_m)(e^{-\lambda_m l_2} - e^{-\lambda_m l_1}) \tag{5-21}$$

式中:$i(\omega)$ 为每匝线圈中的电流。令式(5-20)中 $l_2=z$,式(5-21)中 $l_1=z$,并将两式相加,则得到图5-1中探头区域内各点矢量磁位 $\boldsymbol{A}^{coil}(\rho,z,\omega)$ 的表达式为

$$\boldsymbol{A}^{coil}(\rho,z,\omega) = \frac{i(\omega)\mu_0 N}{(l_2-l_1)(r_2-r_1)} \times$$
$$\sum_{m=1}^{\infty}\begin{bmatrix} 2 - e^{\lambda_m(l_1-z)} - e^{\lambda_m(z-l_2)} - \\ \Gamma(\lambda_m,\omega)e^{-\lambda_m z}(e^{-\lambda_m l_2} - e^{-\lambda_m l_1}) \end{bmatrix} \times \phi_1(\lambda_m) \tag{5-22}$$

式中:$\phi_1(\lambda_m) = \frac{J_1(\lambda_m\rho)I(\lambda_m r_2,\lambda_m r_1)}{\lambda_m^4 R_0^2 J_0^2(\lambda_m R_0)}$;$I(\lambda_m r_1,\lambda_m r_2) = \int_{\lambda_m r_1}^{\lambda_m r_2} x J_1(x)dx$;层叠导体的反射系数 $\Gamma(\lambda_m,\omega) = \Gamma_{11}/\Gamma_{21}$,$\Gamma_{11}$ 和 Γ_{21} 分别由 n 个 2×2 矩阵累积相乘得到,即

$$\begin{bmatrix} \Gamma_{11} & \Gamma_{12} \\ \Gamma_{21} & \Gamma_{22} \end{bmatrix} = \prod_{i=1}^{n}\begin{bmatrix} a_i & b_i \\ c_i & d_i \end{bmatrix} \tag{5-23}$$

其中

$$a_i = (\lambda_{i,m} - \lambda_m\mu_{r,i})^2 e^{-(\lambda_{i,m}+\lambda_m)d_i} - (\lambda_{i,m}+\lambda_m\mu_{r,i})^2 e^{(\lambda_{i,m}-\lambda_m)d_i} \tag{5-24}$$

$$b_i = \{[\lambda_{i,m}^2 - (\lambda_m\mu_{r,i})^2]e^{-(\lambda_{i,m}-\lambda_m)d_i} - [\lambda_{i,m}^2 - (\lambda_m\mu_{r,i})^2]e^{(\lambda_{i,m}+\lambda_m)d_i}\}$$
$$\times e^{2\lambda_m\sum_{j=0}^{i-1}(d_j+g_j)} \tag{5-25}$$

$$c_i = \{[\lambda_{i,m}^2 - (\lambda_m\mu_{r,i})^2]e^{(\lambda_{i,m}-\lambda_m)d_i} - [\lambda_{i,m}^2 - (\lambda_m\mu_{r,i})^2]e^{-(\lambda_{i,m}+\lambda_m)d_i}\}$$
$$\times e^{-2\lambda_m\sum_{j=0}^{i-1}(d_j+g_j)} \tag{5-26}$$

$$d_i = (\lambda_{i,m} - \lambda_m\mu_{r,i})^2 e^{(\lambda_{i,m}+\lambda_m)d_i} - (\lambda_{i,m} + \lambda_m\mu_{r,i})^2 e^{-(\lambda_{i,m}-\lambda_m)d_i} \tag{5-27}$$

5.3.2 层叠导体的反射磁场

已知激励线圈在各子区域内产生的矢量磁位 $\boldsymbol{A}_c^{(k)}(\rho,z,\omega)$，根据磁感应强度 $\boldsymbol{B}$ 和矢量磁位 $\boldsymbol{A}$ 之间的关系式，可得

$$\boldsymbol{B} = \nabla \times \boldsymbol{A} = \frac{1}{\rho}\begin{vmatrix} e_\rho & \rho e_\theta & e_z \\ \dfrac{\partial}{\partial \rho} & \dfrac{\partial}{\partial \phi} & \dfrac{\partial}{\partial z} \\ A_\rho & \rho A_\theta & A_z \end{vmatrix}$$

$$= e_\rho\left(\frac{1}{\rho}\frac{\partial A_z}{\partial \phi} - \frac{\partial A_\theta}{\partial z}\right) + e_\theta\left(\frac{\partial A_\rho}{\partial z} - \frac{\partial A_z}{\partial \rho}\right) + e_z\frac{1}{\rho}\left[\frac{\partial(\rho A_\theta)}{\partial \rho} - \frac{\partial A_\rho}{\partial \phi}\right] \tag{5-28}$$

在二维轴对称情况下，$\boldsymbol{A}$ 仅存在周向分量，即 $A_\rho = A_z = 0, A_\theta \neq 0$，所以有

$$B_\rho = -e_\rho\frac{\partial A_\theta}{\partial z}; \quad B_\theta = 0; \quad B_z = e_z\left(\frac{A_\theta}{\rho} + \frac{\partial A_\theta}{\partial \rho}\right) \tag{5-29}$$

这说明，$\boldsymbol{B}$ 只有轴向和径向分量，周向分量为零。将对应区域内 $\boldsymbol{A}_c^{(k)}(\rho,z,\omega)$ 的表达式代入式(5-29)就可以得到磁感应强度的两个分量 $B_\rho^{(k)}(\rho,z,\omega)$ 和 $B_z^{(k)}(\rho,z,\omega)$，它们均由两部分组成：一部分是线圈的入射磁场；另一部分则为导体中感应涡流产生的反射磁场。

在实际检测中，往往是根据待测试件上方空气中反射磁场的变化来判断待测试件的状况。由式(5-20)~式(5-22)及式(5-29)可得，在 $z>0$ 的空气中，层叠导体产生的反射磁场的表达式均为

$$B_\rho^{\mathrm{ref}}(\rho,z,\omega) = -\frac{i(\omega)\mu_0 N}{(l_2-l_1)(r_2-r_1)} \times \sum_{m=1}^{\infty}\Gamma(\lambda_m,\omega)(e^{-\lambda_m l_2} - e^{-\lambda_m l_1})\phi_1(\lambda_m)\lambda_m e^{-\lambda_m z}$$
$$\tag{5-30}$$

$$B_z^{\mathrm{ref}}(\rho,z,\omega) = -\frac{i(\omega)\mu_0 N}{(l_2-l_1)(r_2-r_1)} \times \sum_{m=1}^{\infty}\Gamma(\lambda_m,\omega)(e^{-\lambda_m l_2} - e^{-\lambda_m l_1})\phi_0(\lambda_m)\lambda_m e^{-\lambda_m z}$$
$$\tag{5-31}$$

式中：$\phi_0(\lambda_m) = \dfrac{J_0(\lambda_m\rho)I(\lambda_m r_2, \lambda_m r_1)}{\lambda_m^4 R_0^2 J_0^2(\lambda_m R_0)}$；$\phi_1(\lambda_m)$ 同上。注意：线圈入射磁场的表达式在 $z > 0$ 的空气中并不相同，必须按 $z > l_2$，$l_1 < z < l_2$ 和 $0 < z < l_1$ 分区定义。

5.3.3 检测线圈的感应电压

如图 5-1 所示，小检测线圈处于激励线圈内部，其感应电压可表示为

$$\xi(\rho,z,\omega) = \dfrac{j\omega 2\pi N'}{(r_4 - r_3)(l_4 - l_3)} \int_{r_3}^{r_4}\int_{l_3}^{l_4} \rho A^{\text{coil}}(\rho,z,\omega)\,d\rho dz \quad (5-32)$$

将式(5-22)代入并整理得

$$\xi(\omega) = \dfrac{j\omega i(\omega) 2\pi\mu_0 NN'}{(l_2 - l_1)(r_2 - r_1)(r_4 - r_3)(l_4 - l_3)} \times$$

$$\sum_{m=1}^{\infty}\left\{\begin{bmatrix}2\lambda_m + e^{\lambda_m l_1}(e^{-\lambda_m l_4} - e^{-\lambda_m l_3}) - e^{-\lambda_m l_2}(e^{\lambda_m l_4} - e^{\lambda_m l_3}) + \\ \varGamma(\lambda_m,\omega)(e^{-\lambda_m l_2} - e^{-\lambda_m l_1})(e^{-\lambda_m l_4} - e^{-\lambda_m l_3})\end{bmatrix}\right.$$
$$\left. \times \dfrac{I(\lambda_m r_4, \lambda_m r_3)I(\lambda_m r_2, \lambda_m r_1)}{\lambda_m^7 R_0^2 J_0^2(\lambda_m R_0)}\right\}$$

$$(5-33)$$

从式(5-33)可以看出，检测线圈上的感应电压与激励和检测线圈的几何参数都有关，同时也是层叠导体反射系数的函数。它同样由两部分组成：一部分是探头下方无待测导体时，仅由激励线圈的入射磁场产生，即令式(5-33)中 $\varGamma(\lambda_m,\omega) = 0$ 可得；另一部分则是由待测导体内的感应涡流产生的反射磁场产生，称为导体的反射感应电压，即

$$\xi^{\text{ref}}(\omega) = \dfrac{j\omega i(\omega) 2\pi\mu_0 NN'}{(l_2 - l_1)(r_2 - r_1)(r_4 - r_3)(l_4 - l_3)} \times$$

$$\sum_{m=1}^{\infty}\left[\varGamma(\lambda_m,\omega)(e^{-\lambda_m l_2} - e^{-\lambda_m l_1})(e^{-\lambda_m l_4} - e^{-\lambda_m l_3})\right] \times \dfrac{I(\lambda_m r_4, \lambda_m r_3)I(\lambda_m r_2, \lambda_m r_1)}{\lambda_m^7 R_0^2 J_0^2(\lambda_m R_0)}$$

$$(5-34)$$

在脉冲涡流检测中，最受关注的是 $\xi^{\text{ref}}(\rho,z,\omega)$ 的变化量。

5.3.4 激励线圈中的电流

当已知电流$i(\omega)$时,可直接代入式(5-30)、式(5-31)和(5-34)中计算得到感应场的变化。但在实践中,探头一般为外电路的一部分,往往都是已知激励电压$U(\omega)$的大小,需要求得$i(\omega)$。

根据电路原理,$i(\omega) = U(\omega)/Z(\omega)$,$Z(\omega)$是层叠导体上线圈的阻抗,它也包含了线圈的自身阻抗$Z_{in}(\omega)$和导体中涡流产生的反射阻抗$Z_{ref}(\omega)$两部分。其求解方法与 2.3.1 节相同,表达式重写如下:

$$Z_{in}(\omega) = \frac{4N^2(r_2+r_1)}{\gamma(l_2-l_1)(r_2-r_1)} + \frac{j\omega 4\pi N^2}{(r_2-r_1)^2(l_2-l_1)^2}$$

$$\times \sum_{m=1}^{\infty} [\lambda_m(l_2-l_1) + (e^{\lambda_m l_1 - \lambda_m l_2} - 1)] \times \frac{\mu_0 I^2(\lambda_m r_1, \lambda_m r_2)}{\lambda_m^5 R_0^2 J_0^2(\lambda_m R_0)} \quad (5-35)$$

$$Z_{ref}(\omega) = \frac{j\omega 4\pi N^2}{(r_2-r_1)^2(l_2-l_1)^2} \sum_{m=1}^{\infty} \Gamma(\lambda_m,\omega)(e^{-\lambda_m l_2} - e^{-\lambda_m l_1})^2 \times \frac{\mu_0 I^2(\lambda_m r_1, \lambda_m r_2)}{\lambda_m^5 R_0^2 J_0^2(\lambda_m R_0)}$$

$$(5-36)$$

式中:$\Gamma(\lambda_m,\omega)$由式(5-23)给出;γ为线圈绕线的电导率。

5.4 用快速傅里叶变换计算探头的瞬态响应信号

对激励信号进行 FFT,求解各谐波分量对应的响应表达式(5-30)、式(5-31)和式(5-34)~式(5-36)时,其中计算的关键点说明如下。

5.4.1 确定径向求解区域

根据偏微分方程理论,径向求解场域被限定在$0 \leq \rho \leq R_0$的有限范围内,对应的本征谱问题被转化为有限区域离散本征谱问题[14],因此,线圈的矢量磁位、感应电势及其阻抗的表达式均为级数形式,并且离散本征值λ_m的取值仅依赖于R_0,见式(5-13)。所以,计算时必须首先确定R_0的大小。

如图 5-3 所示,线圈匝密度n_s一定,外径r_2不同时,线圈磁场沿径向的传输特性表明,90%以上的磁场集中在 3 倍线圈直径的范围内,并且r_2越大,磁场传输越远,两者成正比。因此,R_0以r_2为标准,必须足够大,使磁场沿径向能有效衰减为零,以保证计算结果的准确性。根据磁场在空气中的传播特性,一般选择$R_0 \geq 40 r_2$。

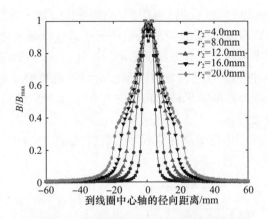

图 5-3 线圈磁场沿径向的传输特性

5.4.2 确定级数总求和项

确定了径向半径 R_0，在计算级数表达式时，由给定的计算精度确定总求和项数 M。根据贝塞尔(Bessel)函数性质及计算经验，增加 M 能提高计算精度，但 M 增加到一定程度之后会引起级数发散。此时，若还需提高计算精度，则必须同时增加 R_0 和 M。

5.4.3 计算贝塞尔函数积分

在圆柱形线圈阻抗及感应电势的表达式中，存在一个函数：

$$I(\lambda r_1, \lambda r_2) = \int_{\lambda r_1}^{\lambda r_2} x J_1(x) dx$$

它是第一类一阶贝塞尔函数的积分，不能用初等函数的有限形式表达，参考文献[15]中对包含上式的广义类 Sommerfeld 积分的计算方法进行了讨论，分析了连续本征谱 λ 未知情况下 $J_1(x)$ 的渐进展开求解。但从 $I(\lambda r_2, \lambda r_1)$ 本身来看，它只与 λ 和线圈内、外径有关。当限定了径向求解区域，λ 根据式(5-13)求出之后，$I(\lambda r_2, \lambda r_1)$ 可展开成下式，预先计算出来：

$$I(x_2, x_1) = \frac{\pi}{2} x_1 [J_1(x_1) H_0(x_1) - J_0(x_1) H_1(x_1)] +$$

$$\frac{\pi}{2} x_2 [J_0(x_2) H_1(x_2) - J_1(x_2) H_0(x_2)] \quad (5-37)$$

式中：$H_0(x)$ 和 $H_1(x)$ 是第一类零阶、一阶斯特鲁夫(Struve)函数。

下面分析瞬态响应的另一个计算难点：多层导体结构瞬态计算中的傅里

叶变换。由式(5-23)可以看出,当层叠导体的总层数 $n \geq 2$ 时,其反射系数 $\Gamma(\lambda_m, \omega)$ 的表达式很复杂,通过对时谐响应表达式进行傅里叶逆变换求其瞬态响应时,不可能像半无限大或有限厚度的单层导体一样得到解析表达式,因此采用快速傅里叶变换法(FFT)进行数值求解。对计算截止频率的选择标准是:根据信号频谱特征,选择幅值等于最大频谱的 0.05% 所对应的频率为计算的截止频率,以降低截断误差。

采用 Mathematic™ 语言编制计算程序,其流程如图 5-4 所示。

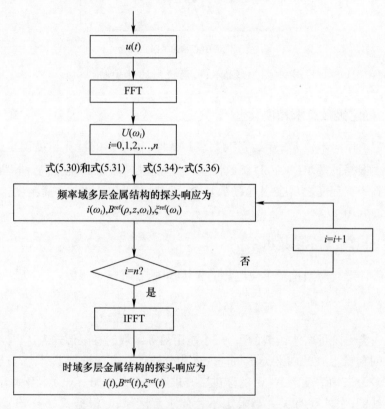

图 5-4 层叠导体瞬态响应的计算流程

5.5 计算实例与结果对比

以四层导体结构为例,应用 3.3 节和 3.4 节中所提出的级数展开求和与快速傅里叶变换相结合求解层叠导体瞬态涡流场的方法,计算得到了矩形脉冲电压激励下,不同导体层发生改变时,检测线圈的感应电压及 z 向反射磁场的时域响应,分析了信号特征量与导体内电磁场传播特性之间的联系,最后与有限元时步法进行了对比,验证了理论推导的正确性。结果表明,级数展开结合快速傅里叶变换是一种更快速有效的求解方法。

5.5.1 瞬态涡流场有限元时步法

有限元法是应用最广泛、适应性最强的一种数值计算方法,它包括基于变分原理的有限元法和伽辽金有限元法。基于变分原理的有限元法要找出一个与所求定解问题相应的泛函,使这一泛函取得极值的函数正是该定解问题的解,从泛函的极值问题出发得到离散化的代数方程组;伽辽金有限元法则是令场方程余量的加权积分在平均意义上为零,取单元的形状函数作为权函数,导出离散化的代数方程组。用直接法或迭代法计算代数方程组,得到的解就是有限单元各节点上待求变量的值。当场域中的控制方程比较复杂,难于找到等价的泛函极值问题时,都可用加权余量法进行离散,因此,伽辽金有限元法的应用范围更广泛。

图 5-5 表示一个三维涡流场求解域的典型划分,其中 Ω_1 为涡流区,含有导电媒质,但不含外电流源;Ω_2 为非涡流区,包含给定的外电流源 J_s;S_{12} 是 Ω_1 和 Ω_2 的内部分界面;n_{12} 表示 S_{12} 的单位法矢量,由 Ω_1 指向 Ω_2。整个求解域的外边界 S 分成 S_B 和 S_H 两部分,在 S_B 上给定磁感应强度的法向分量;在 S_H 上给定磁场强度的切向分量,n 为 S 的单位法矢量。

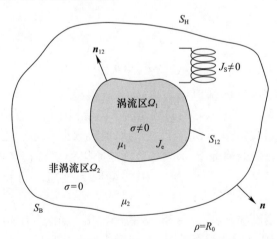

图 5-5 三维涡流场求解域的典型划分

用矢量磁位 A 和标量电位 φ 表示场的控制方程及边界条件,在涡流区,电场和磁场都需要描述,未知量为 A 和 φ;在非涡流区,只需要描述磁场,未知量仅为 A。根据参考文献[16]的分析,可导出三维涡流场定解问题的数学表述。

在 Ω_1 内:

$$\nabla \times \nu \nabla \times \boldsymbol{A} - \nabla(\upsilon \nabla \cdot \boldsymbol{A}) + \sigma\left(\frac{\partial \boldsymbol{A}}{\partial t} + \nabla\varphi\right) = 0 \quad (5-38)$$

$$\nabla \cdot \sigma\left(-\frac{\partial \boldsymbol{A}}{\partial t} - \nabla\varphi\right) = 0 \quad (5-39)$$

在 Ω_2 内:

$$\nabla \times \nu \nabla \times \boldsymbol{A} - \nabla(\upsilon \nabla \cdot \boldsymbol{A}) = \boldsymbol{J}_s \quad (5-40)$$

在 S_{12} 边界上:

$$\boldsymbol{A}_1 = \boldsymbol{A}_2 \quad (5-41)$$

$$\upsilon_1 \nabla \cdot \boldsymbol{A}_1 = \upsilon_2 \nabla \cdot \boldsymbol{A}_2 \quad (5-42)$$

$$\nu_1 \nabla \times \boldsymbol{A}_1 \times \boldsymbol{n}_{12} = \nu_2 \nabla \times \boldsymbol{A}_2 \times \boldsymbol{n}_{12} \quad (5-43)$$

$$\boldsymbol{n}_{12} \cdot \left(-\sigma \frac{\partial \boldsymbol{A}_1}{\partial t} - \sigma \nabla\varphi\right) = 0 \quad (5-44)$$

在 S_B 边界上:

$$\boldsymbol{n} \times \boldsymbol{A} = 0 \quad (5-45)$$

$$\upsilon \nabla \cdot \boldsymbol{A} = 0 \quad (5-46)$$

在 S_H 边界上:

$$\boldsymbol{n} \cdot \boldsymbol{A} = 0 \quad (5-47)$$

$$\nu(\nabla \times \boldsymbol{A}) \times \boldsymbol{n} = 0 \quad (5-48)$$

式中:ν 为磁阻率,按分区其值取为 $1/\mu_1$ 或 $1/\mu_2$;$\nabla(\upsilon \nabla \cdot \boldsymbol{A})$ 为罚函数项,在式(5-38)和式(5-40)加入它的目的是为了配合相应的定解条件,确保在整个场域中库仑规范的成立;υ 为罚因子,它的取值应根据具体问题合理选择,选择原则为确保迭代收敛的前提下,υ 应尽可能地小以便获得较高计算精度。根据经验,在各向同性媒质的涡流分析中,υ 就取为磁阻率可得到较好的计算精度[12]。

假设电流密度已知,由式(5-38)~式(5-48)给出了描述涡流场问题的数学方程,但当线圈成为外电路的一部分,线圈中的电流则是一个待求量,因此,根据电路原理,线圈自身还必须满足以下电路方程:

$$Ri_c + \frac{\mathrm{d}\psi}{\mathrm{d}t} = u_c \quad (5-49)$$

上式左边第一项为线圈直流电压,第二项为线圈上的感应电势,式右边为线圈端

电压 u_c。式中 R 是线圈的直流电阻，i_c 是线圈中流过的电流，它与电流密度之间满足下列关系式：

$$J_0 = n_s \cdot i_c \qquad (5-50)$$

ψ 是线圈的磁链，根据法拉第定律，可表示为矢量磁位 $\boldsymbol{A}$ 的函数：

$$\psi = n_s \cdot \int_{\Omega_c} \boldsymbol{A} \mathrm{d}\Omega \qquad (5-51)$$

式中：n_s 为线圈匝密度；Ω_c 表示线圈体积。进一步，式(5-49)表示为

$$Ri_c + n_s \cdot \int_{\Omega_c} \frac{\partial \boldsymbol{A}}{\partial t} \mathrm{d}\Omega = u_c \qquad (5-52)$$

至此，式(5-38)~(5-48)及式(5-52)一起构成了描述三维涡流场-路耦合问题的数学模型。

下面应用伽辽金加权余量法导出三维涡流场的有限元方程。将图5-5中的场域 Ω 剖分成 E 个立体单元、N 个节点，任一单元 e 内的矢量磁位 $\boldsymbol{A}^e$ 和标量电位 φ^e 可用单元形状函数及该单元节点处的位函数近似表示为[16]

$$\boldsymbol{A}^e = \sum_{k=1}^{n} (N_k^e A_{xk} \boldsymbol{e}_x + N_k^e A_{yk} \boldsymbol{e}_y + N_k^e A_{zk} \boldsymbol{e}_z) \qquad (5-53)$$

$$\varphi^e = \sum_{k=1}^{n} N_k^e \varphi_k \qquad (5-54)$$

式中：e 表示单元；N_k^e 是单元 e 在节点 k 的形状函数；n 为单元 e 的节点总数；A_{xk}、A_{yk} 和 A_{zk} 分别为矢量磁位在节点 k 的 x、y 和 z 分量；φ_k 为节点 k 的标量电位；$\boldsymbol{e}_x$、$\boldsymbol{e}_y$ 和 $\boldsymbol{e}_z$ 为直角坐标系的单位矢量。

根据式(5-38)和式(5-40)，整个 Ω 内的控制方程综合表示为

$$\nabla \times \nu \nabla \times \boldsymbol{A} - \nabla(\upsilon \nabla \cdot \boldsymbol{A}) + \sigma \left(\frac{\partial \boldsymbol{A}}{\partial t} + \nabla \varphi \right) - n_s \cdot i_c = 0 \qquad (5-55)$$

$$\nabla \cdot \sigma \left(-\frac{\partial \boldsymbol{A}}{\partial t} - \nabla \varphi \right) = 0 \qquad (5-56)$$

其中 i 和 σ 可看作分区定义的函数，在 Ω_1 内 $i=0$，在 Ω_2 内 $\sigma=0$。令权函数为形状函数，取式(5-55)的加权积分等于零：

$$\int_\Omega N_j \cdot \left[\nabla \times \nu \nabla \times \boldsymbol{A} - \nabla(\upsilon \nabla \cdot \boldsymbol{A}) + \sigma \left(\frac{\partial \boldsymbol{A}}{\partial t} + \nabla \varphi \right) - n_s \cdot i_c \right] \mathrm{d}\Omega = 0$$

$$(5-57)$$

式中：N_j 为节点 j 的形状函数。根据矢量运算、高斯定理及边界条件式(5-42)、式(5-43)、式(5-46)和式(5-48)，式(5-57)可简化为

$$\int_{\Omega}\left[\nu\,\nabla\times N_j\cdot\nabla\times\boldsymbol{A}+\nu\,\nabla\cdot N_j\,\nabla\cdot\boldsymbol{A}+\sigma N_j\cdot\left(\frac{\partial\boldsymbol{A}}{\partial t}+\nabla\varphi\right)-N_j\cdot\boldsymbol{n}_s\cdot i_c\right]\mathrm{d}\Omega -$$

$$\int_{s_H}\left[(\nu\,\nabla\cdot\boldsymbol{A})N_j\cdot\boldsymbol{n}\right]\mathrm{d}s-\int_{s_B}\left[\nu\,\nabla\times\boldsymbol{A}\cdot(\boldsymbol{n}\times N_j)\right]\mathrm{d}s=0 \quad (5-58)$$

在有限元离散化方程建立以后,式(5-45)和式(5-47)中的两个第一类边界条件应作为强加边界条件处理。对于余量加权积分,在位函数已知的节点上,权函数应取为零,这样才能保证离散化方程组与未知数的个数相等,因此,形状函数 N_j 在 S_B 和 S_H 上应满足

$$\boldsymbol{n}\times N_j=0 \quad (5-59)$$

$$\boldsymbol{n}\cdot N_j=0 \quad (5-60)$$

此时,j 在边界 S_B、S_H 上取值,式(5-58)中最后两项面积分为零,则式(5-59)最终简化为

$$\int_{\Omega}\left[\nu\,\nabla\times N_j\cdot\nabla\times\boldsymbol{A}+\nu\,\nabla\cdot N_j\,\nabla\cdot\boldsymbol{A}+\sigma N_j\cdot\left(\frac{\partial\boldsymbol{A}}{\partial t}+\nabla\varphi\right)-N_j\cdot\boldsymbol{n}_s\cdot i_c\right]\mathrm{d}\Omega=0$$

$$(5-61)$$

同样,以 N_j 为权函数,取式(5-56)的加权积分为零:

$$\int_{\Omega_1}N_j\cdot\left[\nabla\cdot\sigma\left(-\frac{\partial\boldsymbol{A}}{\partial t}-\nabla\varphi\right)\right]\mathrm{d}\Omega=0 \quad (5-62)$$

根据矢量运算、高斯定理及边界条件式(5-54),式(5-62)简化为

$$\int_{\Omega_1}\nabla N_j\cdot\left(\sigma\,\frac{\partial\boldsymbol{A}}{\partial t}+\sigma\,\nabla\varphi\right)\mathrm{d}\Omega=0 \quad (5-63)$$

由此看出,式(5-57)和式(5-62)中所含二阶导数运算被转换成一阶导数,并纳入了相关的边界条件,式(5-58)和式(5-63)成为伽辽金加权积分方程的弱表述,S_{12} 上所有的边界条件式(5-41)~式(5-44)、S_B 和 S_H 上的边界条件式(5-46)和式(5-48)自动满足,成为自然边界条件,式(5-45)和式(5-47)则是强加边界条件。

对电路方程式(2-43),同样以 N_j 为权函数,取其加权积分为零:

$$\int_{\Omega_c}N_j\cdot\left[Ri_c+\boldsymbol{n}_s\cdot\frac{\partial\boldsymbol{A}}{\partial t}-u_c\right]\mathrm{d}\Omega=0 \quad (5-64)$$

联立式(5-61)、式(5-63)和式(5-64),可得到涡流场与电路耦合问题的有限元方程可用矩阵表示为

$$\begin{bmatrix} \int_\Omega [\nu \nabla \times N_j \cdot \nabla \times (\ ) + \upsilon \nabla \cdot N_j \nabla \cdot (\ )] \mathrm{d}\Omega & 0 & -\int_\Omega N_j \cdot n_s \cdot (\ ) \mathrm{d}\Omega \\ 0 & 0 & 0 \\ 0 & 0 & \int_{\Omega_c} N_j \cdot R(\ ) \mathrm{d}\Omega \end{bmatrix} \begin{bmatrix} A \\ \phi \\ i_c \end{bmatrix} +$$

$$\begin{bmatrix} \int_\Omega \sigma N_j \cdot (\ ) \mathrm{d}\Omega & \int_\Omega \sigma N_j \cdot \nabla(\ ) \mathrm{d}\Omega & 0 \\ \int_{\Omega_1} \nabla N_j \cdot \sigma (\ ) \mathrm{d}\Omega & \int_{\Omega_1} \nabla N_j \cdot \sigma \nabla(\ ) \mathrm{d}\Omega & 0 \\ \int_{\Omega_c} N_j \cdot n_s \cdot (\ ) \mathrm{d}\Omega & 0 & 0 \end{bmatrix} \frac{\partial}{\partial t} \begin{bmatrix} A \\ \phi \\ i_c \end{bmatrix} = \begin{bmatrix} 0 \\ 0 \\ \int_{\Omega_c} N_j \cdot u_c \mathrm{d}\Omega \end{bmatrix}$$

(5-65)

其中,$\varphi = \frac{\partial \phi}{\partial t}$。将式(5-65)在求解域内写成单元体积分的总和,并结合式(5-53)和式(5-54)导出有限元离散化方程组,用直接法或迭代法求解计算。

有限元时步法是求解瞬态涡流场的一种常用方法[12]。上面用伽辽金加权余量法导出了涡流场-路耦合的有限元离散化方程式,可用进一步用矩阵表示为

$$K[A, \phi, i_c] + Q\left[\frac{\partial A}{\partial t}, \frac{\partial \phi}{\partial t}, \frac{\partial i_c}{\partial t}\right] = S \quad (5-66)$$

式中:K 和 Q 为系数矩阵,均与时间无关。在瞬态问题的计算中,除了对求解场域进行空间离散以外,还需要对时间变量进行离散。采用两点差分格式求解式(5-66),则有

$$\left(\frac{1}{\Delta t}Q + K\tau\right)[A, \phi, i_c]_{t+\Delta t} = \left[\frac{1}{\Delta t}Q - K(1-\tau)\right][A, \phi, i_c]_t + S_t \quad (5-67)$$

上式即为瞬态涡流场的时步法计算格式,不同的 τ 值与不同的权函数相对应,在下面的实例计算中,取 $\tau = 0.5$(Crank-Nicholson 方法)。

5.5.2 两种方法的计算结果对比

计算参数如下:激励线圈内半径 $r_1 = 4.5$mm,外半径 $r_2 = 7.5$mm,高 $h = 6.0$mm,匝数 $N = 875$,检测线圈内半径 $r_3 = 1.5$mm,外半径 $r_4 = 2.5$mm,高 $h_p = 2.0$mm,匝数 $N' = 600$,探头的提离 $l_1 = 0.5$mm。待测对象为4层导体结构,各层板厚均为 1.5mm,电导率为 3.77×10^7 S/m,各层导体之间存在 0.5mm 的气隙。

给激励线圈加载图 5-6 所示的矩形脉冲电压,其幅值为 25V,脉宽 10ms,以

保证涡流能有效渗透到导体结构的最底层。截取一个周期信号作 FFT 可知,其频谱仅包含了直流和奇次谐波分量,并且谐波幅度依次递减,当频率大于 100kHz 时,其幅值已经很小,低于基频(50Hz)的 0.05%,因此取 100kHz 为计算截止频率。

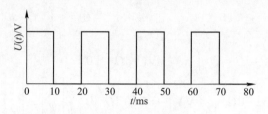

图 5-6 激励信号

为验证理论计算结果的正确性,同时采用 ANSYS APDL 语言建立对应的二维场-路耦合计算的有限元计算程序(对涡流场开域问题的求解方法,已利用 TEAM Workshop Problem 7 进行了正确性验证[13]),采用时步法直接求解,时间步长为 1μs。由楞次定理可知,响应信号具有反对称特性,因此只需计算前半个周期。

当厚度变化发生在不同导体层上时,两种方法计算得到反射磁场和感应电压的差分信号如图 5-7 和图 5-8 所示。由图可见,信号存在两个较为明显的特征量:信号的峰值和信号的起始时间,其中峰值大小与待测参数的变化量有关,而信号的起始时间则反映了发生改变的位置,位置越深,信号的起始时间就越晚,同时信号的峰值也越小,这主要是因为:①电磁场的传播需要时间,如图 5-9 所示,磁场到达第二层表面 $t=0.035\text{ms}$,第三层表面 $t=0.126\text{ms}$,第四层表面 $t=0.269\text{ms}$,穿透四层导体则总共用去 0.398ms;②导体使电磁场产生了衰减,并过滤掉了高频谐波分量。

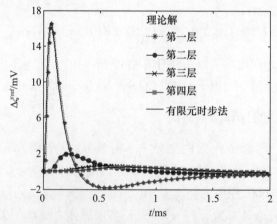

图 5-7 检测线圈感应电压的时域差分信号 $\Delta\xi^{\text{ref}}$($z=0.25\text{mm}$)

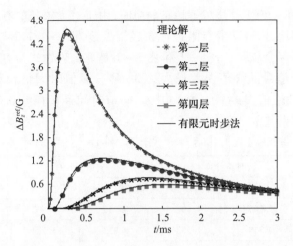

图 5-8 z 向反射磁场的时域差分信号 $\Delta B_z^{\mathrm{ref}}(z=0.25\mathrm{mm})$

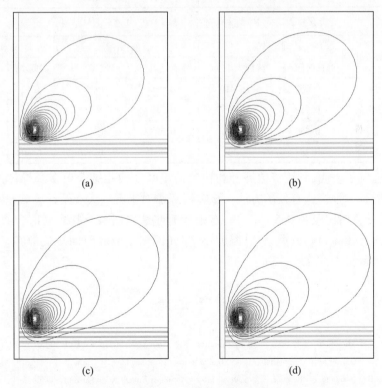

图 5-9 脉冲感应磁场在导体内的传播特性(rA_z,局部放大)

(a) $t=0.035\mathrm{ms}$; (b) $t=0.126\mathrm{ms}$; (c) $t=0.269\mathrm{ms}$; (d) $t=0.398\mathrm{ms}$。

在采用 FFT-IFFT 算法求解瞬态响应时,由于对无限长的频谱做了截断处理,和时步法相比,信号跃变点附近存在轻微振荡,误差在 1.24%~2.09%,作差分之后,其振荡会减弱。表 5-1 和表 5-2 是理论表达式与有限元法结果的对比,ΔB_z^{ref} 差分信号的峰值误差最大为 3.45%,峰值时间最长相差 0.013ms,$\Delta \xi^{\text{ref}}$ 差分信号的峰值误差最大为 1.07%,峰值时间最长相差 0.004ms,由此可见,两者所得结果基本一致。

表 5-1 对比两种方法计算得到的 ΔB_z^{ref} 的结果

导体厚度变化	理论计算		有限元计算		相对计算偏差	
	峰值时间/ms	峰值大小/G	峰值时间/ms	峰值大小/G	时间/%	峰值/%
第一层	0.256	4.497	0.256	4.602	0	2.28
第二层	0.735	1.253	0.722	1.284	1.80	2.41
第三层	1.324	0.759	1.311	0.782	0.10	2.94
第四层	1.537	0.588	1.522	0.609	0.99	3.45

表 5-2 对比两种方法计算得到的 $\Delta \xi^{\text{ref}}$ 的结果

导体厚度变化	理论计算		有限元计算		相对计算偏差	
	峰值时间/ms	峰值大小/mV	峰值时间/ms	峰值大小/mV	时间/%	峰值/%
第一层	0.067	16.419	0.066	16.506	1.52	0.53
第二层	0.219	1.963	0.218	1.967	0.46	0.21
第三层	0.587	0.653	0.583	0.649	0.69	0.63
第四层	0.752	0.501	0.749	0.496	0.40	1.07

以上例子表明,利用级数展开和快速傅里叶变换相结合对多层导体结构求瞬态响应是一种快速有效的方法。该方法只需对求解域大小及计算截止频率进行控制,计算时间仅为 0.5h 左右。有限元时步法在时域直接求解时,由于脉冲涡流场含有较高频率分量,趋肤深度小,空间网格剖分和时间步长都必须很小,因此计算量很大,需要 7h 以上。

参考文献

[1] Hellier C J. Handbook of Nondestructive Evaluation[M]. New York:McGraw-Hill,2003.

[2] Peter J S. Nondestructive Evaluation:Theory,Techniques and Applications[M]. New York:Marcel Dekker,2002.

[3] Lepine B A,Giguere J S R,Forsyth D S,et al. Interpretation of Pulsed Eddy Current Signals for Locating and Quantifying Metal Loss in Thin Skin Lap Splices[J]. Review of Quantitative Nondestructive Evaluation,2002,21:415-422.

[4] Bowler J R,Johnson M. Pulsed Eddy-current Response to a Conducting Half-space[J]. IEEE Transactions

on Magnetics,1997,33(3):2258-2264.

[5] Pavo J. Numerical Calculation Method for Pulsed Eddy-Current Testing[J]. IEEE Transaction On Magnetic,2002,38(2):1169-1172.

[6] Haan V O,Jong P A. Analytical Expressions for Transient Induction Voltage in a Receiving Coil Due to a Coaxial Transmitting Coil over a Conducting Plate[J]. IEEE Transactions on Magnetics,2004,40(2):371-378.

[7] Li Y,Theodoulidis T,Tian G Y. Magnetic Field-based Eddy-current Modeling for Multilayered Specimens [J]. IEEE Transactions on Magnetics,2007,43(11):4010-4015.

[8] Tsuboi H,Seshima N,Pavo J,et al. Transient Eddy Current Analysis of Pulsed Eddy Current Testing by Finite Element Method[J]. IEEE Transaction On Magnetic,2004,40(2):1330-1333.

[9] 幸玲玲. 用时域有限元边界元耦合法计算三维瞬态涡流场. 中国电机工程学报,2005,25(19):131-134.

[10] Zhang Y H,Sun H X,Luo F L. 3D Magnetic Field Responses to a Defect using a Tangential Driver-coil for Pulsed Eddy Current Testing[J]. 17th World Conference Nondestructive Testing,Shanghai,China,2008:10.

[11] 张玉华. 飞机涡流检测中提离干扰的抑制方法研究及探头优化设计[D]. 长沙:国防科技大学,2010.

[12] 谢德馨. 三维涡流场的有限元分析[M]. 北京:机械工业出版社,2008.

[13] 张玉华,罗飞路,孙慧贤. 层叠导体脉冲涡流检测中探头瞬态响应的快速计算[J]. 中国电机工程学报,2009,29(36):129-134.

[14] 王元明. 数学物理方程与特殊函数[M]. 北京:高等教育出版社,2005.

[15] 程建春. 数学物理方程及其近似方法. 北京:科学出版社,2004.

[16] Biro O,Preis K. On the use of the Magnetic Vector Potential in the Finite Element Analysis of Three-dimensional Eddy Currents[J]. IEEE Transactions on Magnetics,1989,25(4):3145-3159.

第6章 多层导体检测提离干扰抑制及缺陷识别

6.1 引　言

　　脉冲涡流检测技术具有对飞机机身多层胶(铆)接金属结构中深层或第一层表面下腐蚀和应力裂纹(下文统称为"缺陷")的检测能力,但在实际应用中,探头操作时产生摇晃、机身涂镀层脱落和磨损、表面局部隆起、凹痕以及紧固件头突出等因素,会造成检测过程中探头的提离变化,由此产生的干扰导致对检测信号的解释变得极为困难,其时域响应信号主要表现是:提离干扰与缺陷信号具有极大的相似性;提离干扰易淹没掉下表层的缺陷信号。因此,如何抑制提离干扰或有效识别缺陷是脉冲涡流检测技术实践研究中面临的一个难点问题。

　　G. Y. Tian 等人提出利用信号的上升时间点可以对表面裂纹、表面下裂纹和腐蚀缺陷进行识别[1],实践发现随待测参数的变化,检测信号的峰值变化明显,但特殊时间点的差异较小,一般在微秒级,容易受测量噪声干扰,而且实现这种时间上的高分辨率对检测电路的要求很高[2]。参考文献[3]从信号的统计特征出发,提出了一个新的时域特征量 – 峰度系数,用波形的陡峭程度来识别缺陷。S. Giguere 等人提出了提离交叉点(Lift – off Intersection Point, LOI Point)的时域特征量克服检测中的提离噪声[4],LOI 是指检测信号中对提离变化不敏感的时间点,提离增加时检测信号仍会在这一点上相交,该方法能识别出小提离干扰下的缺陷信号。当提离变化较大或多个提离时,LOI 并不是一个特定的点,而是一个提离交叉区域(Lift – off Intersection Range),区域大小与提离变化量相关[5]。但不论是提离交叉点或提离交叉区域,由于它们均靠近信号的过零点,信号值小,易受其他因素影响。参考文献[6]采用两个参考信号和归一化相减所得的差分信号来降低下层金属厚度测量中的提离干扰。参考文献[7]则从探头结构出发,对比分析了典型差分探头和可实现两次信号相减的差分探头,在不同提离高度下信号峰值的变化特征,认为后者提离效应小。参考文献[8]分别从信号的时域和频谱分析着手,将参考信号和检测信号相减来降低探头提离干扰。M. S. Safizadeh 等人用 Wigner – Ville 分布对机身搭接结构中金属损伤、层间间隙及探头提离变化3种情况下的时频特征进行了研究,分析了信号能量的分布变化[9],为采用时频方法对瞬态涡流信号进行分析作了非常有益的尝试,同时也带来了新的问题:①从文献的研究结果来看,时-频平面内的能量分布可初步定性分析信号的变化趋势,但无法提取定量分析的特征量,即只能对待测参量变化作一个大致的判断;②从分析方法本身来看,Wigner-Ville分布存在严重的交叉干扰项,仍然会给信号的正确解释造成困扰。此外,这种分析方法计算量较大,并不利于实际应用。

本章针对多层导体结构中表面或表面下缺陷识别问题,研究混杂了提离干扰的缺陷检测信号在时域以及时-频域内的变化,从电磁场传播特性上阐述了信号特征的成因;结合对常规涡流检测技术的研究成果,从响应信号的非平稳特性出发,采用双树复小波变换提取时-尺度平面上的相位谱,在此基础上,提出了基于"相位跳变点"进行有提离干扰情况下缺陷识别的新方法,实验验证了所提出的方法有效性,为解决多层导体结构探头干扰抑制和隐含缺陷检测难题提供了思路,并且该方法可进一步拓展至导体结构厚度测量。

6.2 瞬态场-电路耦合求解模型的建立

由于采用瞬态电压作激励源,脉冲涡流检测成为一个瞬态涡流场-电路耦合问题的求解。在前期工作中,用级数展开和快速傅里叶变换相结合的方法计算了多层层叠导体上方探头的瞬态响应,其结果表明,该方法对二维轴对称模型快速有效,但对层叠结构中内含缺陷和有紧固件时这类几何形状和边界条件更为复杂的三维场-路耦合问题的求解,则需采用有限元时步法。

待测试件为 $n=3$ 的三层胶(铆)接导体,每层导体厚 $d=1.5$mm,电导率 $\sigma=1.74\times10^7$S/m,相对磁导率 $\mu_r=1$,裂纹出现在不同导体层的铆钉孔附近,如图6-1所示。激励线圈的内半径 $r_1=4.0$mm,外半径 $r_2=6.0$mm,高 $h_d=4.0$mm,匝数 $N=725$,采用矩形脉冲电压激励,周期 $T=20$ms,占空比0.5,其他计算参数在下文有具体说明。建立对应的有限元数值仿真模型,其基本步骤和实现方法可参见2.4.3节,线圈、导体、空气及电压源的单元类型及其节点自由度如表2-1所列,线圈实常数按表2-2设置。同样地,线圈和导体周围需用足够大的空气域包围,使磁场能有效衰减,设定最外层边界上的矢量磁位为零,区域内部各介质分界面上的磁感应强度法向分量及磁场强度切向分量的连续性条件自动满足。对实体模型采用映射-自由混合划分方式生成离散网格,单元形状、网格密度控制请参见2.4.3节中步骤5"求解场域的网格离散化处理"。

本书第 2 章导出了线圈外接电压源时场-路耦合问题的有限元方程式(2-56),当求解瞬态场时,除了要对场域进行空间上的网格离散化处理,还需对方程所含的时间变量进行离散。在下文的有限元仿真分析中,采用中心差分格式的时步法求解式(2-56)。在对线圈加载矩形脉冲电压时,考虑源信号的变化特点,选择变时间步长,在信号变化快的时间段内选择小步长,而在信号达到稳态后,可以选择相对较大步长,这样可以抓住时间响应信号的主要特征,同时减少计算时间。

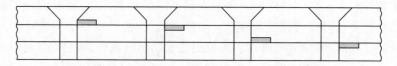

图 6-1 典型多层导体结构及缺陷出现的位置

6.3 缺陷信号及提离干扰的时-频域分析

针对飞机机身中典型的层叠导体结构及其缺陷易出现的位置,建立对应的三维瞬态涡流场-路耦合计算的有限元仿真模型,对不同深度位置上的缺陷信号和探头提离干扰的特征进行分析,并从瞬态感应场在导体内的渗透特性解释了上述变化的本质,为从提离干扰中识别缺陷信号提供方向性指导。为了便于分析对比及表述清晰,现定义下文常用的符号意义。

$\Delta\xi_c$ 表示缺陷信号,即有缺陷时探头的输出信号-无缺陷时探头的输出信号;

$\Delta\xi_l$ 表示提离信号,即探头提离增加时的输出信号-探头无提离时的输出信号;

$\Delta\xi_{l+c}$ 表示缺陷和提离干扰同时存在时的信号,即试件内部有缺陷,探头无提离时的输出信号-提离增加时的输出信号。

6.3.1 缺陷特征变化的成因剖析

以铆钉孔附近的裂纹信号为例分析,铆钉未拆卸,各层导体之间有 0.2mm 的间隙。设裂纹到第一层导体上表面距离为 h_c,其长 $l_c = 3.0$mm,宽 $w_c = 1.0$mm,深 $d_c = 0.5$mm,分别出现在 4 个位置上:第一层导体下表面($h_c = 1.0$mm)、第二层上表面($h_c = 1.7$mm)、第二层下表面($h_c = 2.7$mm)和第三层上表面($h_c = 3.4$mm)。检测线圈内半径为 $r_3 = 0.75$mm,外半径为 $r_4 = 1.5$mm,高 $h_p = 3.0$mm,匝数 $N' = 600$。激励电压的幅值为 25V,时间常数 $\tau = 10\mu s$。计算得到裂纹所引起的检测线圈上感应电压变化 $\Delta\xi_c$ 的时域波形如图 6-2 所示,此时探头提离 $l_1 = 0$mm。

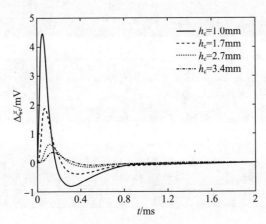

图 6-2 不同深度位置处裂纹产生的输出信号 $\Delta\xi_c$

从图中可以看到,裂纹出现在不同深度时,信号存在 4 个较为明显的时域特征量:信号的起始时间 t_s、信号峰值 S_p、到达峰值的时间 t_p 及信号过零点时间 t_z,上述 4 个特征量都能直观地反映改变所发生的位置,其变化特征及其原因如下。

(1) 缺陷所处的位置越深,信号的起始时间 t_s、到达峰值的时间 t_p 及信号过零点时间 t_z 都越晚。这说明,当 $t < t_s$ 时,感应电磁场并未渗透到缺陷所在的位置,如对应 4 条裂纹的 t_s 值约为 11.7μs、17.6μs、33.9μs 和 44.5μs;当 $t > t_s$ 时,则开始出现缺陷信号,此后 t_p 及 t_z 依次出现,在研究中发现,t_p 及 t_z 除了反映缺陷位置,还包含缺陷参数信息。

(2) 缺陷所处的位置越深,信号强度越弱,信号峰值 S_p 也越小。这是由于感应电磁场在导体内传播越深,其衰减程度越大所致。瞬态感应涡流在导体内的渗透以及受裂纹的扰动如图 6-3 所示。

除了上述 4 个可以定量分析的特征量之外,其实从信号的形状上也能看出其他一些端倪,如缺陷越浅,信号的上升沿越陡峭,随着缺陷位置加深,其信号的上升沿变得平缓,这是因为随着脉冲涡流渗透到更深处,信号所含的较高频率分量逐渐衰减,导致不同深度上裂纹信号的频谱发生了变化。图 6-4 中 4 个不同纵深位置上的缺陷信号的平滑伪 Wigner-Ville 时频分布正好清楚地反映了这一点,随缺陷位置加深,信号 $\Delta\xi_c$ 的能量逐渐减弱,整个分布沿频率轴下移,沿时间轴右移。

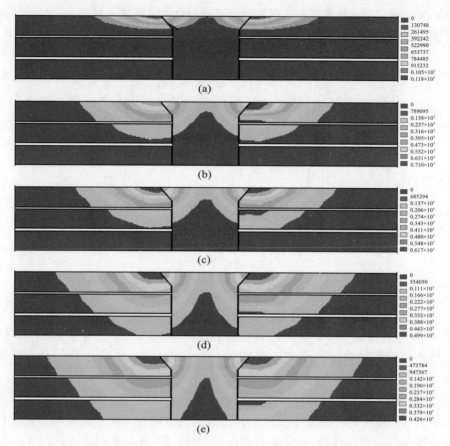

图 6-3 铆钉孔附近不同深度上裂纹对脉冲涡流分布的扰动(局部放大)(见彩图)

(a) $t=0.006$ ms,无缺陷;(b) $t=0.05$ ms,有缺陷($h_c=1.0$ mm);(c) $t=0.05$ ms,有缺陷($h_c=1.7$ mm);
(d) $t=0.095$ ms,有缺陷($h_c=2.7$ mm);(e) $t=0.095$ ms,有缺陷($h_c=3.4$ mm)。

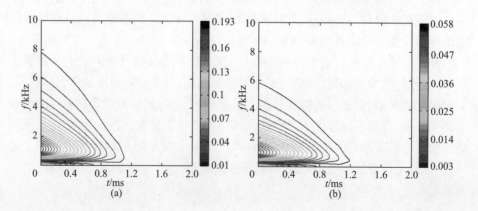

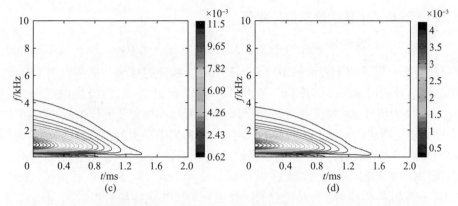

图6-4 裂纹信号 $\Delta\xi_c$ 的时频分布(平滑伪 Wigner-Vill 分布)(见彩图)
(a)第一层下表面,$h_c=1.0$mm;(b)第二层上表面,$h_c=1.7$mm;
(c)第二层下表面,$h_c=2.7$mm;(d)第三层上表面,$h_c=3.4$mm。

6.3.2 探头提离干扰的信号表现

建模计算当铆接孔附近无裂纹,探头提离从 0.1mm 增大到 0.6mm,其输出信号 $\Delta\xi_l$ 的时域变化如图6-5所示,从图中可以看出:①信号的起始时间 t_s 均为零,没有任何延迟;②提离越大,其输出信号 $\Delta\xi_l$ 的峰值 S_p 越大,并且变化十分明显,如提离由 0.1mm 到 0.2mm 仅增加 0.1mm,S_p 增大 1 倍;③提离增大,信号到达峰值的时间 t_p 及信号过零点时间 t_z 只是轻微增大,区别不明显;④大提离时信号波形比小提离时尖锐。提离从 0.2mm 增大到 0.6mm,信号能量沿频率轴稍稍向下移动,时间轴上无变化。上述分析表明,提离增大主要表现在信号幅值的快速增大和信号所含较高频率成分的轻微衰减。

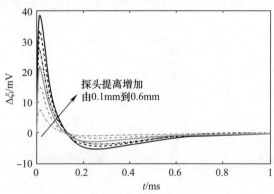

图6-5 探头提离增大时的输出信号 $\Delta\xi_l$

6.3.3 混杂了干扰的缺陷信号变化

设第二层导体下表面出现长 $l_c = 3.0\text{mm}$、宽 $w_c = 1.0\text{mm}$、深 $d_c = 0.5\text{mm}$ 的裂纹,距第一层导体上表面的距离 $h_c = 2.7\text{mm}$。检测时探头的提离发生了改变,则输出信号的时域变化如图 6-6 所示。可以看出,缺陷和提离的混杂信号 $\Delta\xi_{l+c}$ 与缺陷信号 $\Delta\xi_c$ 的区别明显,但与提离信号 $\Delta\xi_l$ 的波形十分相似,这说明探头提离变化造成的干扰会淹没缺陷信号,单从检测中探头的信号输出,很难直观地判断是否真有缺陷存在,特别是当缺陷所处的位置越深,引起的信号变化越弱,提离和缺陷混杂在一起就更难辨别。$\Delta\xi_l$ 和 $\Delta\xi_{l+c}$ 两者的平滑伪 Wigner - Ville 分布如图 6-7 所示,对比它们的时域-频域变化特征可以看出,混杂了提离干扰的缺陷信号 $\Delta\xi_{l+c}$ 相比单纯的提离信号 $\Delta\xi_l$,在频率和时间轴上有轻微的压缩和拓展现象,但并不明显。

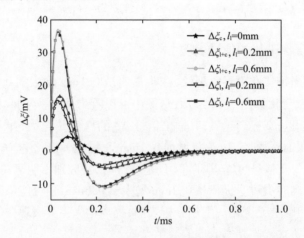

图 6-6　提离干扰和缺陷同时存在时的混合信号 $\Delta\xi_{l+c}$

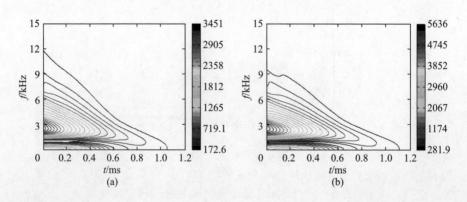

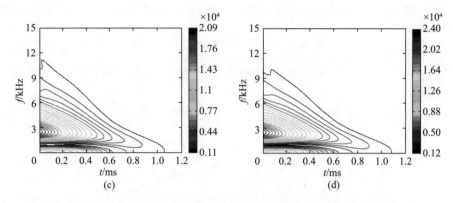

图 6-7 提离信号 $\Delta\xi_1$ 和混杂提离干扰的缺陷信号 $\Delta\xi_{1+c}$ 时频分布对比
（平滑伪 Wigner – Ville 分布）（见彩图）
(a) $\Delta\xi_1, l_1 = 0.2$mm；(b) $\Delta\xi_{1+c}, l_1 = 0.2$mm；(c) $\Delta\xi_1, l_1 = 0.6$mm；(d) $\Delta\xi_{1+c}, l_1 = 0.6$mm。

6.4 用相位特性进行缺陷识别的理论基础

在5.3节中，分析了单纯的缺陷信号 $\Delta\xi_c$、提离信号 $\Delta\xi_1$ 和混杂了提离干扰的缺陷信号 $\Delta\xi_{1+c}$ 的时域响应、时频域信号能量分布的变化特征，结果发现，$\Delta\xi_c$ 和 $\Delta\xi_1$ 两者的能量分布（或信号幅值）及频率成分发生了较大变化，但是当缺陷信号混杂了提离干扰之后，$\Delta\xi_{1+c}$ 和 $\Delta\xi_1$ 之间的上述特征不再明显。因此，为从 $\Delta\xi_{1+c}$ 中识别出缺陷，必须寻找到缺陷信号 $\Delta\xi_c$ 的其他特征量，在探头提离发生改变时，它所受到的影响较小。

第3章分析了涡流检测中提离干扰和表面缺陷信号随频率的变化特征，其结论表明：①频率一定，提离增大只是导致信号幅值显著变化，而相位受影响很小；②缺陷信号和提离信号的幅值区别较大，前者远小于后者，但要从混杂了提离干扰的检测信号中发现缺陷，则是根据两者相位随频率的变化特性。基于此，进一步研究表面下缺陷信号与提离轨迹的相对变化特征，设缺陷长 $l_c = 15$mm，宽 $w_c = 1.0$mm，深度 $d_c = 2.0$mm，其距离导体表面的距离 h_c 分别为 1.0mm、2.0mm 和 3.0mm，线圈参数同 3.3 节，提离 l_1 取 0.5mm 和 1.0mm，有限元仿真得到频率从 50Hz 增加到 1MHz 时，提离轨迹和表面下缺陷信号的相对变化如图 6-8 所示，图中所采用的归一化方法请参见 3.5 节。由此看出，提离增加对提离轨迹和表面下缺陷信号之间的夹角影响甚微，主要导致缺陷信号幅值明显减小；随频率增加，表面下缺陷信号仍具有绕提离轨迹顺时针旋转的特征，两者之间的夹角发生改变，这与表面缺陷信号的变化规律一致；缺陷所处的纵深位置不同,引起各频率上信号的相位变化不一致,这一特征十分有利于缺陷位置的判别。

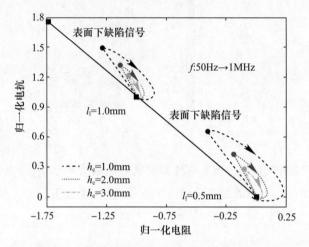

图6-8 频率增大时表面下缺陷信号与提离轨迹的相对变化

对图6-2、图6-5中缺陷存在和提离变化时的时域响应信号$\Delta\xi_c$、$\Delta\xi_l$分别作傅里叶变换,得到信号的幅度谱和相位谱如图6-9所示。从图中可以看出,对于矩形脉冲激励下,各频率成分上信号的幅度随提离增大明显减小,相位几乎不发生变化(图6-9(a)),而缺陷的存在则会使能到达其所处位置的频率分量发生明显的相位改变(图6-9(b))。

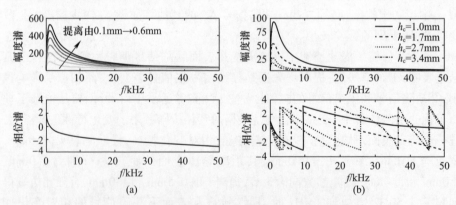

图6-9 提离信号和表面下缺陷信号的频谱比较
(a) $\Delta\xi_l$; (b) $\Delta\xi_c$。

综合上述分析可知,表面下缺陷信号的相位变化特征受提离影响较小,但相比提离引起的幅值变化幅度而言,它不能在时域响应信号上明显展现出来。接下来将以此为切入点,利用双树复小波能提供提取 $\Delta\xi_c$、$\Delta\xi_l$ 和 $\Delta\xi_{l+c}$ 三者时间 - 尺度平面上的相位信息,提取能从混杂了提离干扰的检测信号中正确识别缺陷的特征量。

6.5 缺陷信号和提离干扰的相位特征提取

6.5.1 双树复小波变换滤波器实现

从本质上讲,小波变换(Wavelet Transform)是采用一组局部振荡的"小波"基函数取代傅里叶变换中无限振荡的"正弦"基函数。在其经典设置中,小波族由某个基本实值带通函数 $\psi(t)$ 的平移和伸缩组成,它与适当选取的实值低通尺度函数 $\phi(t)$ 的平移一起构成了一维实值连续时间信号的正交规范基,任何能量有限的模拟信号 $x(t)$ 可用小波和尺度函数进行如下分解:

$$x(t) = \sum_{n=-\infty}^{\infty} c(n)\phi(t-n) + \sum_{j=0}^{\infty}\sum_{n=-\infty}^{\infty} d(j,n)2^{\frac{j}{2}}\psi(2^j t - n) \quad (6-1)$$

其中尺度系数 $c(n)$ 与小波系数 $d(j,n)$ 根据如下内积计算得到:

$$c(n) = \int_{-\infty}^{\infty} x(t)\phi(t-n)\mathrm{d}t \quad (6-2)$$

$$d(j,n) = 2^{\frac{j}{2}}\int_{-\infty}^{\infty} x(t)\psi(2^j t - n)\mathrm{d}t \quad (6-3)$$

上述分解通过估计信号在不同时间(由时移因子 n 决定)上的频率成分(由尺度因子 j 决定)给出了信号的一种时频分析。

尽管实离散小波变换(Discrete Wavelet Transform)具有非常有效的算法和稀疏表示,已成为信号处理领域强有力的工具,但它存在一些缺陷,如不具有平移不变性、不能提供相位信息、产生混叠及对高维信号方向表示能力弱[10]。基于 Fourier 变换基的表现形式,考虑将式(6-1)~式(6-3)中用复数值的尺度函数和小波 $\psi_c(t) = \psi_r(t) + j\psi_i(t)$ 就可得到复数小波变换(Complex Wavelet Transform),其中 $\psi_r(t)$ 是实值偶函数,$j\psi_i(t)$ 是虚数奇函数。如果 $\psi_r(t)$ 和 $\psi_i(t)$ 组成希尔伯特(Hilbert)变换对,则 $\psi_c(t)$ 是一个解析信号,并且支撑域仅在频率轴的一边,复尺度函数的定义与此类似。将信号按式(6-3)投影到 $2^{j/2}\psi_c(2^j t - n)$,就可得到复数小波系数:

$$d_c(k,n) = d_r(k,n) + jd_i(k,n) \quad (6-4)$$

其中幅值为

$$|d_c(k,n)| = \sqrt{[d_r(k,n)]^2 + [d_i(k,n)]^2} \qquad (6-5)$$

相位为

$$\mathrm{Arg}[d_c(k,n)] = \arctan\left(\frac{d_i(k,n)}{d_r(k,n)}\right) \qquad (6-6)$$

这时,CWT 得到新的能一致利用幅值和相位的多尺度信号处理算法。它和傅里叶变换一样,可用来分析和表示实值信号和复值信号。

实现复数解析小波变换的一个有效方法是 1998 年 N. G. Kingsbury 首先提出的双树复数小波变换(Dual-Tree Complex Wavelet Transform),DTCWT 的实现非常简单,它采用两个独立的实离散小波变换(称为树 A 和树 B)平行作用来完成复小波变换,其中树 A 和树 B 分别生成了变换系数的实部和虚部,其分解示意图如图 6-10 所示。由于在两个实 DWT 之间没有数据流,它们能用已有的 DWT 软件和硬件来实现。

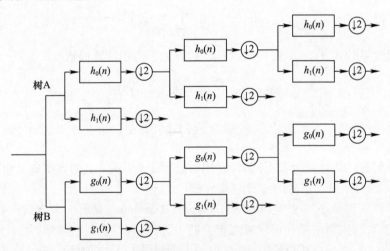

图 6-10 双树复数小波变换的分解示意图

在图 6-10 中两个实离散小波变换需用两组不同的滤波器,令 $h_0(n)$、$h_1(n)$ 表示树 A 的低通和高通滤波器对,$g_0(n)$、$g_1(n)$ 表示树 B 的低通和高通滤波器对,与之相对应的实数小波分别为 $\psi_h(t)$ 和 $\psi_g(t)$,滤波器的设计除了满足完全重构条件,还必须使复小波 $\psi_c(t) = \psi_h(t) + j\psi_g(t)$ 近似解析,等价于使 $\psi_g(t)$ 近似为 $\psi_h(t)$ 的 Hilbert 变换,即

$$\psi_g(t) \approx \mathcal{H}\{\psi_h(t)\} \qquad (6-7)$$

I. W. Selesnick[11] 和 H. Ozkaramanli[12-13] 的研究表明,式(6-7)的充分必要

条件为 $g_0(n)$ 是 $h_0(n)$ 的半个采样延迟,两者的离散傅里叶变换满足

$$G_0(e^{j\omega}) = e^{-j0.5\omega} H_0(e^{j\omega}) \tag{6-8}$$

树 A 和树 B 低通滤波器的幅值和相位有以下关系:

$$|G_0(e^{j\omega})| = |H_0(e^{j\omega})| \tag{6-9}$$

$$\text{Arg}[G_0(e^{j\omega})] = \text{Arg}[H_0(e^{j\omega})] - 0.5\omega \tag{6-10}$$

在基于小波的信号处理中经常需要小波是有限支撑的,因为这时相应的 DWT 能用有限脉冲响应滤波器来实现,但有限支撑的函数不可能是精确解析的,因此,如果想要有限支撑的小波 $\psi_h(t)$,它就只能是近似解析的,所以在 DTCWT 实现时,式(6-9)和式(6-10)只能近似满足,从而 $\psi_g(t)$ 是 $\psi_h(t)$ 的近似 Hilbert 变换。

双树复数小波变换的滤波器设计方法有很多种,一般来说,主要是构造满足下面性质的滤波器:近似半个采样延迟特性;完全重构;消失矩性质;线性相位等。下面介绍 N. G. Kingsbury 提出的 Q – Shift 滤波器设计方法,令滤波器 $g_0(n)$ 如下:

$$g_0(n) = h_0(N-1-n), \quad 0 \leq n \leq N \tag{6-11}$$

式中:N 为偶数,是滤波器 $h_0(n)$ 的长度。

对式(6-11)两边进行傅里叶变换可得

$$G_0(e^{j\omega}) = e^{-j(N-1)\omega} \overline{H_0(e^{j\omega})} \tag{6-12}$$

式中:$\bar{H}_0$ 表示 H_0 的共轭。

由式(6-12)易见,式(6-9)成立,而 G_0 和 H_0 的相位有如下关系:

$$\text{Arg}[G_0(e^{j\omega})] = -\text{Arg}[H_0(e^{j\omega})] - (N-1)\omega \tag{6-13}$$

要使式(6-10)近似成立,只要下式成立即可:

$$\text{Arg}[H_0(e^{j\omega})] \approx -0.5(N-1)\omega + 0.25\omega \tag{6-14}$$

此时,$h_0(n)$ 是近似线性相位滤波器,即 $h_0(n)$ 关于点 $n = 0.5(N-1) - 0.25$ 近似对称,它相对于 $0.5(N-1)$ 平移了 $1/4$ 个单位,这也是 Q – Shift(Quarter – Shift)名称的由来。由上述分析可知,在使用 Q – Shift 方法时,只需构造满足式(6-14)和完全重构条件的滤波器 $h_0(n)$ 即可。图 6 – 11 为采用 Q – Shift 方法构造的双树复数小波滤波器组[14-15],滤波器长度 $n = 10$。

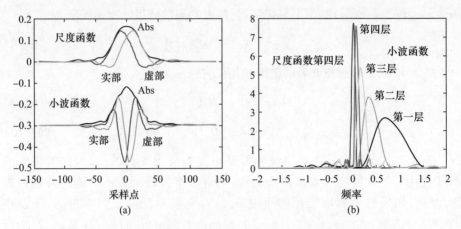

图 6-11 Q-Shift 方法设计的双树复数小波分解滤波器组
(a)第 4 层冲激响应；(b)第 1 层~第 4 层频率响应。

6.5.2 信号时间-尺度上的相位变化

探头参数同 5.3 节，待测试件内部不存在缺陷，仅探头提离从 0.2mm 增加到 0.5mm，建立有限元模型计算得到探头的提离信号 $\Delta \xi_l$，采用图 6-11 中所设计的滤波器，其长度 $n=10$，对 $\Delta \xi_l$ 进行双树复数小波分解，得到结果如图 6-12 所示，分解层数为 7。图中给出了第 6 层小波系数的幅值和第 2 层~第 6 层小波系数的相位。从图中可以清楚地看到，提离增大使小波系数的幅值增大，但小波系数的相位变化却非常小，4 条相位曲线几乎重合，并且存在一个非常明显的"相位跳变点"，在这一点上，提离 0.2~0.5mm 的信号 $\Delta \xi_l$ 的小波系数相位从"负"跳变到"正"。注意：并不是每一层的"相位跳变点"都完全重合在一起，在第 4 层分解上，0.2mm 和 0.3mm 重合，但与 0.4mm 和 0.5mm 存在一个采样点的偏差，在下面的分析中将看到这个偏差相对于完全的缺陷信号和混了提离干扰的缺陷信号来讲，都可认为"不动"。

对到第一层导体上表面距离分别为 $h_c=1.0$mm、$h_c=1.7$mm 和 $h_c=2.7$mm 的 3 个缺陷信号 $\Delta \xi_c$ 以及导体内无缺陷，仅探头提离增大 0.5mm 时的提离信号 $\Delta \xi_l$，进行双树复数小波分解，其结果如图 6-13 所示。对比它们分解之后的小波系数的幅值和相位，可以看出：①提离信号分解之后小波系数的幅值远大于缺陷信号，在 2~6 分解层上基本保持这个规律不变，图中给出了第 6 层作为示例，这与 5.3 节中分析的信号时域幅值和时-频域能量变化特征相符；②缺陷信号和提离信号类似，其小波系数的相位也存在跳变点，但产生跳变的位置与缺陷所处的纵深位置有关，缺陷位置越深，对应的"相位跳变点"越靠后；③在信号为没

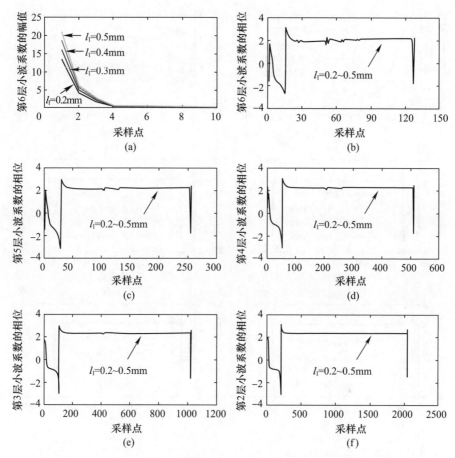

图 6-12　提离从 0.2mm 增加到 0.5mm 时 $\Delta\xi_1$ 小波系数的相位曲线
(a)第 6 层,小波系数幅值(局部放大); (b)第 6 层,小波系数相位; (c)第 5 层,小波系数相位; (d)第 4 层,小波系数相位; (e)第 3 层,小波系数相位; (f)第 2 层,小波系数相位。

有衰减为零之前,4 个信号的小波系数相位明显分离开来,相对于提离信号,缺陷信号的"相位跳变点"更往后移。

对比图 6-12 和图 6-13 中采用双树复小波变换对信号进行分解之后,提离和缺陷信号小波系数幅值和相位曲线的变化特征,可以发现它与 5.4 节中的理论分析一致,提离增大引起各频率分量的幅值变化剧烈,相位变化很小,但缺陷存在却会使其相位发生明显改变。当采用复小波这个时频分析工具时,它们之间的这种区别被投射到小波系数的相位变化上,可考虑将时间-尺度平面内信号相位曲线的"相位跳变点"作为特征量,在接下来的分析中,将看到它可以从混杂了提离干扰的检测信号中识别缺陷的存在。

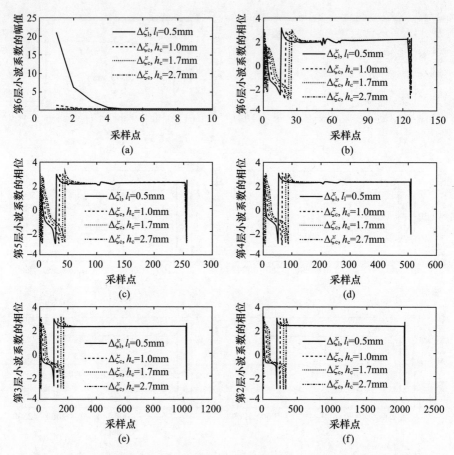

图6-13 缺陷处于表面下不同深度位置时 $\Delta\xi_c$ 小波系数的相位曲线

(a)第6层,小波系数幅值(局部放大);(b)第6层,小波系数相位;(c)第5层,小波系数相位;
(d)第4层,小波系数相位;(e)第3层,小波系数相位;(f)第2层,小波系数相位.

6.5.3 用"相位跳变点"识别缺陷

在多层导体脉冲检测实践中,探头的输出信号往往既包含缺陷引起的变化,同时又混进提离干扰。下面进一步分析单纯的提离信号 $\Delta\xi_l$ 和混杂了提离干扰的缺陷信号 $\Delta\xi_{l+c}$,当对它们进行双树复数小波分解之后,其小波系数的变化特征。模型参数如下:待测试件的导体层数 $n=2$,每层导体厚 $d=1.5\text{mm}$,电导率 $\sigma=3.82\times10^7\text{S/m}$,相对磁导率 $\mu_r=1$,各层导体之间有 0.5mm 的间隙。探头尺寸参数同 5.2 节,其提离由 0.2mm 增加到 0.4mm。裂纹长 $l_c=3.0\text{mm}$,宽 $w_c=1.0\text{mm}$,深 $d_c=0.5\text{mm}$,处于第2层上表面 ($h_c=2.0\text{mm}$)。

计算得到提离信号 $\Delta\xi_l$、缺陷信号 $\Delta\xi_c$ 和混杂了 0.3mm 提离干扰的缺陷信号 $\Delta\xi_{l+c}$ 三者的时域响应及分解之后小波系数幅值如图 6-14 所示。对比信号的幅值变化特征,可以看到,0.3mm 的提离信号和混杂了 0.3mm 提离干扰的缺陷信号,两者的时域响应和小波系数幅值差别均很小,从 0.3mm 到 0.4mm 仅 0.1mm 的提离改变造成的幅值变化都比它大得多,这和 5.3 节中三类信号的时-频特征相似。上述结果表明,根据信号幅值变化很难将缺陷从提离干扰中识别出来。

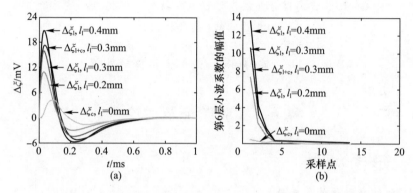

图 6-14 提离信号与混杂了提离干扰的缺陷信号及其小波系数的幅值曲线
(a)时域响应;(b)小波系数幅值(局部放大)。

对应图 6-14(a)中三类信号的小波系数相位如图 6-15 所示,为了表现特征信息,图中为信号的局部显示。从图中可以清楚地看到:①l_1=0.2mm、0.3mm 和 0.4mm 的 3 个提离信号 $\Delta\xi_l$,其小波系数的相位几乎重合,并且在同一位置附近跳变;②混杂了 0.3mm 提离干扰的缺陷信号 $\Delta\xi_{l+c}$,其小波系数的相位曲线介于提离信号 $\Delta\xi_l$ 和缺陷信号 $\Delta\xi_c$ 之间;③0.3mm 的提离信号 $\Delta\xi_l$ 和混杂了 0.3mm 提离干扰的缺陷信号 $\Delta\xi_{l+c}$ 的幅值差别虽然微小,但对应的小波系数的相位却不同,特别是相位由"负"到"正"的跳变位置分开较远。综合上述分析,可以得出结论:上述三类信号的小波系数相位的区别显而易见,即使缺陷信号和提离干扰混杂在一起,也能从"相位跳变点"中直观地判断出缺陷的存在。

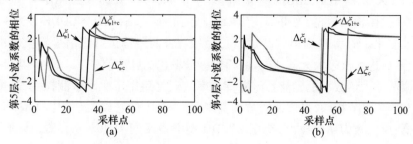

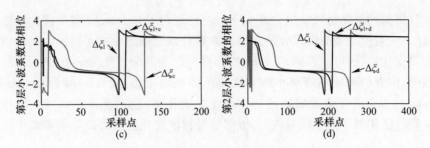

图6-15 提离信号与混杂了提离干扰的缺陷信号小波系数的相位曲线(局部放大)

(a)第5层,小波系数相位;(b)第4层,小波系数相位;
(c)第3层,小波系数相位;(d)第2层,小波系数相位。

6.6 实验验证及讨论

6.6.1 实验系统实现

1. 脉冲激励信号发生器

如图6-16所示脉冲信号发生电路原理图,这里直接采用TxDAC系列DAC芯片AD9708产生脉冲信号,AD9708的分辨率为8位,最大刷新率为125MSPS,两路差分信号输出。AD9708工作电压的范围为2.7~5.5V,选择采用3.3V供电,控制器采用STC89LE54RD+。AD9708数据输入采用并行输入方式,在时钟CLOCK的上跳沿完成转换,误差1%时模拟输出的建立时间为35ns,只有SLEEP脚为高时,DAC才开始工作。AD9708的两路输出I_{OUTA}和I_{OUTB}均为电流型,当数据DACCODE为255时,I_{OUTA}提供接近全尺度的输出I_{OUTFS},此时I_{OUTB}几乎没有电流输出,I_{OUTA}和I_{OUTB}是输入数据和全尺度电流I_{OUTFS}的函数:

$$I_{OUTA} = (DACCODE/256) \times I_{OUTFS}$$
$$I_{OUTB} = (255 - DACCODE)/256 \times I_{OUTFS} \qquad (6-15)$$

其中,输入数据DACCODE变化范围为0~255。STC89LE54RD+负责向AD9708提供输入数据,为得到正负峰值相近的方波信号,DACCODE在0~127周期性变化。R_1和R_2为负载电阻,均为50Ω,将两路输出电流信号转换为电压信号,然后送入仪表放大器AD620,得到差分输出的脉冲信号V_{OUT},可调电阻R_G用来调节放大倍数。上述信号需进行功率放大之后用于驱动检测探头,其电路实现与3.7.1节相同,采用两级放大实现:第一级为信号放大,采用AD829运算放大器;第二级为功率放大,选用LT1210型电流反馈型功率放大器,其输出的驱动电流可达1.1A。图6-17为上述脉冲信号发生电路实际产生输出的脉冲激励电压波形。

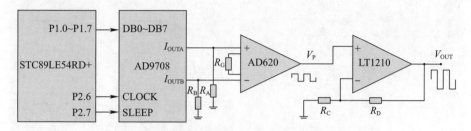

图6-16 脉冲信号发生器电路原理图

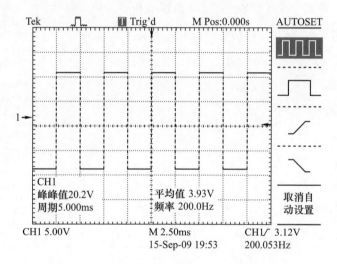

图6-17 实际产生的脉冲激励电压波形

2. 信号调理电路

相比常规涡流检测而言,脉冲涡流检测中信号调理电路的实现简单,只需将检测探头的输出信号接入如图6-17所示的仪表放大器电路经过放大即可,具体实现方法请参见3.7.1节。

6.6.2 探头设计与制作

实验所用探头及多层导体试件如图6-18所示,探头由一个激励线圈和两个检测线圈组成,两个检测线圈可接成差分输出,也可各自单独使用。其尺寸和电气参数如表6-1所列,线圈的直流电阻R_0和电感系数L_0均为100Hz串联测量。激励线圈和检测线圈分别采用线径为0.12mm和0.05mm的漆包线绕制,线圈骨架材料为聚四氟乙烯,骨架底部厚0.5mm。

图 6-18 实验所用探头和多层导体试件

表 6-1 实验制作的多层导体试件检测探头的尺寸及电气参数

参数	激励线圈	检测线圈 1	检测线圈 2
内径 r_1/mm	13.0	0.75	0.75
外径 r_2/mm	16.7	2.25	2.25
高 h/mm	6.0	3.0	3.0
匝数 N	450	1212	1216
线径/mm	0.19	0.05	0.05
直流电阻 R_0/Ω	24.52	105.8	107.7
电感系数 L_0/mH	7.106	2.17	2.19

6.6.3 实验结果分析

实验目的是验证在多层导体结构脉冲涡流检测中,利用所提出的"相位跳变点"特征可以分离提离干扰和缺陷信号。待测试件为 2 层铆接铝板,每层铝板厚约为 1.5mm,缺陷出现在第 2 层板铆钉孔附近,缺陷大小约为 15.0mm × 1.0mm × 1.5mm。激励电压为矩形脉冲,其峰值为 20V,周期 20ms,占空比 0.5。图 6-19 所示为实验测量得到探头差分感应电压经过中值滤波和小波去噪之后的时域波形,从图中可以看出,在一个周期内,检测信号先后两次出现在矩形脉冲激励的上、下沿附近,然后很快衰减为零,其波形成反对称,因此下面分析只针对检测信号的半个周期即可。在实际中还必须注意一个问题,即激励信号的持续时间,它必须足够长,以保证感应脉冲涡流能渗透到待测试件最底层,这样才能实现对整个试件纵深方向上的有效检测。

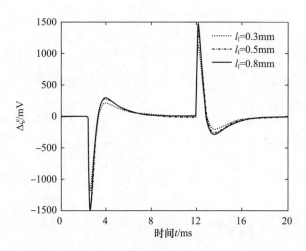

图 6-19 实验所测探头差分感应电压的时域响应

图 6-20 给出了 0.3mm、0.5mm 和 0.8mm 3 个提离信号以及第 2 层缺陷信号进行双树复小波分解之后,其小波系数的相位变化。实验中发现在各分解层的后半段,缺陷信号的相位曲线容易出现急剧抖动的毛刺信号,随着分解层(从第 2 层~第 7 层)增加,毛刺减少减小,经分析认为是因为实测中第 2 层上缺陷信号较弱的缘故,而分解层越高,信号的细节表现越突出,所以毛刺明显。但上述现象并不影响提离信号和缺陷信号的主要相位特征,如图 6-20 中"相位跳变点"附近区域的局部显示,在第 7、6 分解层上,提离信号与缺陷信号的"相位跳变点"混合在了一起。第 5 分解层上,0.3mm 和 0.5mm 的提离信号同时发生相位跳变,并且与缺陷信号区分开来,而 0.8mm 的提离信号和缺陷信号则重合在一起。在第 4、3 和 2 分解层上,0.3mm、0.5mm 和 0.8mm 3 个提离信号在同一个位置相位发生改变,并且与缺陷信号的"相位跳变点"完全区分开来。在 3 个分解层上,缺陷信号的"相位跳变点"相比提离信号分别往后挪动了 5 个、11 个和 20 个采样点,说明利用"相位跳变点"这一特征量仍可以从提离干扰中识别出缺陷,这和 5.4 节中仿真模型和理论分析的结论一致。

由于总存在一些实际现象无法被纳入仿真分析,所以与仿真结果相比,对实测数据进行双树复小波分解之后,出现了如后期的相位曲线杂乱和有毛刺、提离干扰和缺陷信号的"相位跳变点"并不是在每一层上都区别明显等实际问题,因此,确定合适的分解层数和哪一层结果作为判断依据成为实际检测中很重要的一个问题。通过多次实验分析,认为分解层数小于 8 层,一般参考第 2 分解层~第 4 分解层上检测信号的"相位跳变点"这一特征量作为有效判据较好。

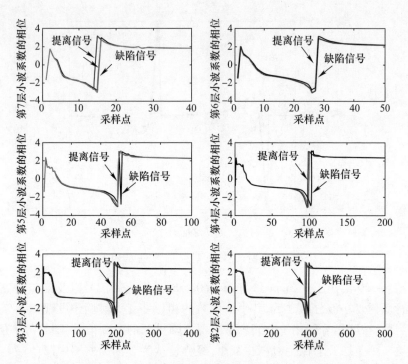

图 6-20 实验信号经过双树复小波分解之后小波系数的相位（局部放大）

参 考 文 献

[1] Tian G Y, Sophian A. Defect Classification using a New Feature for Pulsed Eddy Current Sensors[J]. NDT&E International, 2005(38):77-82.

[2] Lepine B A, Giguere J S R, Forsyth D S, et al. Interpretation of Pulsed Eddy Current Signals for Locating and Quantifying Metal Loss in Thin Skin Lap Splices[J]. Review of Quantitative Nondestructive Evaluation, 2002,21:415-422.

[3] Yang B F, Luo F L, Han D. Research on Edge Identification of a Defect using Pulsed Eddy Current Based on Principal Component Analysis[J]. NDT&E International, 2007,40(2):294-299.

[4] Giguere S, Lepine B A, Dubois J M S. Pulsed Eddy Current Technology: Characterizing Material Loss with Gap and Lift-off Variations[J]. Res Nondestr Eval, 2001,13:119-129.

[5] Tian G Y, Li Y, Mandache C. Study of Lift-off Invariance for Pulsed Eddy-Current Signals[J]. IEEE Transactions on Magnetics, 2009,45(1):184-191.

[6] Tian G Y, Sophian A. Reduction of Lift-off Effects for Pulsed Eddy Current NDT[J]. NDT&E International, 2005,38(4):319-324.

[7] Li S, Huang L S, Zhao W, et al. Improved Immunity to Lift-off Effect in Pulsed Eddy Current Testing with Two-Stage Differential Probes[J]. Russian Journal of Nondestructive Testing, 2008,44(2):138-144.

[8] 李斌,王晓峰,荆炳礼. 基于频谱分析的脉冲涡流检测提离消除技术[J]. 无损检测,2008,30(7):923-927.

[9] Safizadeh M S,Lepine B A,Forsyth D S,et al. Time – Frequency Analysis of Pulsed Eddy Current Signals [J]. Journal of Nondestructive Evaluation,2001,20(2):73-86.

[10] Selesnick I W,Baraniuk R G,Kingsbury N G. The Dual – Tree Complex Wavelet Transform[J]. IEEE Signal Processing Magazine,2005,10:123-151.

[11] Selesnick I W. Hilbert Transform Pairs of Wavelet Bases[J]. IEEE Signal Processing Letters 2001,8(6):170-173.

[12] Ozkaramanli H,Yu R. On the Phase Condition and Its Solution for Hilbert Transform Pairs of Wavelet Bases [J]. IEEE Trans on Signal Processing,2003,51(12):3293-3294.

[13] Yu R,Ozkaramanli H. Hilbert Transform Pairs of Orthogonal Wavelet Bases:Necessary and Sufficient Condition[J]. IEEE Trans on Signal Processing,2005,53(12):4723-4725.

[14] Kingsbury N G. Image Processing with Complex Wavelets [J]. Philos. Trans. R. Soc. London A, Math. Phys. Sci. ,1999,357(1760):2543-2560.

[15] Kingsbury N G. A Dual – Tree Complex Wavelet Transform with Improved Orthogonality and Symmetry Properties[C]. Vancouver:in Proc. IEEE Int. Conf. Image Processing,2000:375-378.

[16] Kingsbury N G. Design of Q – Shift Complex Wavelets for Image Processing Using Frequency Domain Energy Minimization[C]. Barcelona:In Proc. IEEE Int. Conf. Image Processing,2003:1013-1016.

第7章 脉冲涡流检测多维测量及缺陷定量评估

7.1 引 言

脉冲涡流检测技术是一项新发展起来的电磁无损检测技术,主要被用于多层结构缺陷检测、涂层厚度测量以及金属材料电、磁导率测量等方面[1-4]。在检测中,一般采用激励线圈 + 检测传感器的探头结构[1,5-6],探头中圆柱形激励线圈垂直放置在待测试件上方,检测传感器位于线圈内部或下方,采用感应线圈或磁场感应器两种拾取检测信号。如 SMITH 等人计算分析了有铁氧体磁芯和空芯激励线圈情况下感应场的空间频率特性,认为小磁芯线圈具有更高空间频率分布,其灵敏度会随深度下降更快[1]。YANG 等人则根据实验数据分析了激励线圈内、外径和高对脉冲涡流信号的影响[7]。TIAN 等人设计了包含 3 个霍耳元件的传感器探头,并提出了一种多传感器融合算法实现了对三维表面缺陷的测量和重构[8]。YANG 等人用面阵列探头研究了腐蚀成像问题[9]。DOLABDJIAN等人从理论和实验两方面分析了以巨磁阻磁力计为检测传感器的脉冲涡流检测系统的性能[10]。参考文献[11 - 12]则分析了新发展起来的超导量子干涉仪磁力计在脉冲涡流检测中的应用。

从上面分析可以看到,由于脉冲涡流检测采用随时间变化的激励信号,对其响应信号的分析以时域特征为主,并且受限于探头的结构和放置方式,目前多是拾取垂直于检测面的 z 向磁场信号用于检测[5,11],忽略了其他维度磁场信号蕴含的特征,损失了可用的检测信息。在实际检测中,一个缺陷能否被检测出来本质上取决于它对被测导体内部感应涡流的扰动程度,而这与涡流的空间分布形式紧密相关[13]。从拓展检测信息维度,提高缺陷检测精度的目标出发,本章结合交变磁场测量(Alternating Current Field Measurement, ACFM)技术研究,从原理层面研究脉冲涡流检测和交变磁场测量两项检测技术的融合,将激励探头在被测区域感应出"均匀"电磁场的空间分布优势与脉冲响应信号的时间历程有机结合,将传统单维测量方式扩展为空间和时间联合的多维信号测量,用于实现对腐蚀、裂纹等多类缺陷的定量评估。首先基于三维瞬态电磁场-电路耦合仿真建模,对比分析了多种空间形态涡流场的作用模式,研究了涡流场均匀分布的空间特性及其探头结构的特点。在此基础上,建立了多维测量信号与缺陷尺寸参数、位置等之间的联系,为脉冲涡流检测缺陷定量评估提供了一种新的解决方案,并且所提出的方法可进一步拓展至涡流成像检测。

7.2　涡流场作用模式对比分析

7.2.1　常规涡流探头作用模式

在脉冲涡流检测技术中,探头位于整个系统的最前端,用于产生激励场并拾取检测信号,它直接影响检测性能的好坏。因此,不论是新仪器新设备的开发,还是新技术的研究应用,探头总是首要考虑的因素。脉冲涡流技术在产生及发展过程中,沿用的多是常规的激励-接受式探头,其中激励线圈如图7-1所示,为一垂直放置于被测导体上方的圆柱形线圈,其在附近空间的感应电磁场分布如图7-2所示。从图中可以清楚地看出,磁力线沿线圈中轴线呈360°对称分布状态,越靠近线圈绕线磁力线越密集,表明感应磁场越强,但在线圈中轴线附近,由于自抵消效应磁场明显减弱,对应下方导体内部的磁场亦是如此。进一步地,导体内部感应涡流如图7-3(a)所示,呈封闭地漩涡状分布,在线圈绕线所对应的圆环状区域内涡流密度最大,其余区域则随距离的增加而减小,在两倍线圈外径之外区域,涡流基本衰减为零,与激励磁场保持一致。再结合3.4节分析可知,涡流分布状态与激励线圈结构形状及其相对被测导体的放置方式紧密相关,进而影响探头检测性能。

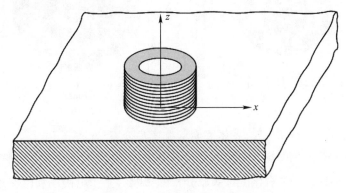

图7-1　激励线圈示意图

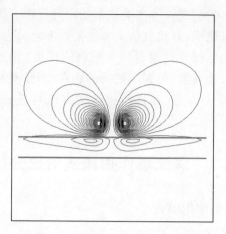

图 7-2 磁力线分布(纵剖面)

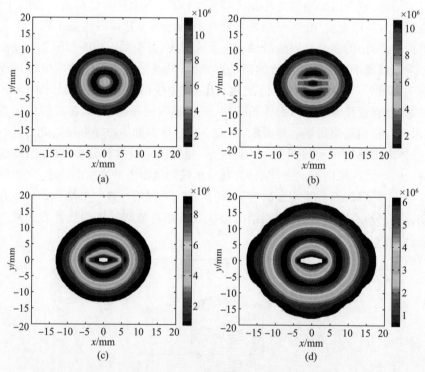

图 7-3 导体表面涡流密度分布(见彩图)

(a)无缺陷时;(b)缺陷大于线圈外径;(c)缺陷约等于线圈外径;(d)缺陷小于线圈外径。

图 7-3 揭示了缺陷存在对涡流分布的影响。基于电磁场和电路理论可知,涡流总朝向电阻率小的方向流动,当被测导体内出现缺陷时,缺陷区域电阻率变

大,就会对涡流流动起阻碍作用,致使涡流沿着缺陷边缘偏转或汇聚,基本形态如下:如图7-3(b)所示,当缺陷长度大于线圈直径时,大部分涡流沿缺陷底部偏转流过,随着缺陷深度增加,涡流受干扰程度增强,所以此时检测信号可以反映缺陷深度的变化;如图7-3(c)所示,当缺陷长度与线圈外径相当时,大部分涡流则沿缺陷左、右开口端汇聚,此时缺陷两端的检测信号变化最明显;如图7-3(d)所示,如果缺陷小于线圈内径时,由于缺陷处于感应涡流很小的区域,其影响减弱,易造成漏检,这就是常规涡流检测中圆柱形绕线圈垂直于放置于被测导体上方时,感应涡流与缺陷的相互作用模式。从检测角度而言,这种涡流场对任何走向的缺陷都具有同样的灵敏度,但同时它也对缺陷边界不敏感,在缺陷成像和定量评估上有一定局限性。

涡流空间分布形态受缺陷扰动发生改变,最终可反映在检测信号上。在脉冲涡流检测中,给激励线圈施加一定周期和占空比的脉冲电信号,被测导体内部感应出瞬态涡流场,检测传感器拾取垂直于导体表面的z向磁场分量$B_z(t)$或感应电压$dB_z(t)/dt$用于分析,信号形式如图7-4所示。与常规涡流检测所用的阻抗分析有区别,此时,被测导体内部状况集中体现为一个随时间变化的电信号,通过分析时域信号的变化对被测导体质量状况进行评估,常用的特征量包括信号起始时间、信号峰值、到达峰值的时间及信号过零点时间等[14-17]。基于前述分析可知,这些特征量实际上是多种因素耦合作用的结果,从信号处理的角度,要做解耦分析很难,信号特征量易受污染,对缺陷参数的指向性不好,这也是脉冲涡流检测技术的一个重难点问题。下面将脉冲涡流检测与交变磁场测量技术结合起来,从新的涡流场作用模式研究缺陷定量评估问题。

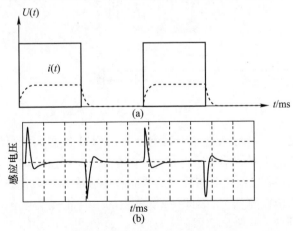

图7-4 脉冲涡流检测激励与检测信号示意图
(a)探头所加激励信号;(b)检测感应电压。

7.2.2 交变磁场测量作用原理

交变磁场测量 ACFM 技术由交变电压降 ACPD(Alternating Current Potential Drop)技术发展而来,以在金属导体浅层流动的交变感应涡流为基础,通过测量与涡流相关的磁场变化实现检测。因此,它结合了交变电压降技术无须校准测量和涡流检测无接触测量的优点,是精确测量表面裂纹的无损检测方法之一[18-19],被广泛地应用于石化、核工业、钢铁和铁路工业、土木结构、航空航天等领域金属结构和设备的安全性评估中。

不同于常规涡流检测,交变磁场测量采用矩形激励线圈,切向放置在被测试件上方进行检测(图7-5),其作用机理和检测模式发生了很大变化。图7-6给出了两种探头下,被测试件横截面和纵剖面的感应涡流分布。可以看出,在常规涡流检测中,垂直放置的圆柱形线圈所感应出的涡流平行于线圈绕线方向流动,绕线下方圆环区域内涡流密度最大,在线圈正下方中心区域,涡流出现自抵消效应,密度很小。在 ACFM 技术中,切向放置的矩形线圈所感应出的涡流在线圈两侧形成闭合,但在线圈正下方区域内呈现同向流动,涡流密度达到最大,这种分布特征使交变磁场测量的理论建模及逆问题分析得到简化[18],在实际检测中,不需要结合校准试块,就能实现对缺陷的定量检测,并且受提离效应影响更小[20-21]。

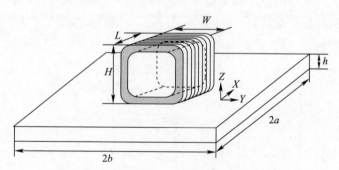

图7-5　ACFM 所采用的矩形激励探头

正是基于这样一种特殊的感应涡流分布,ACFM 检测系统可以通过测量两个方向的磁场分量来对缺陷进行评估:一个是与感应涡流流向相垂直的切向磁场分量 B_x;另一个是与检测面相垂直的法向磁场分量 B_z。我们将其转换为可描述缺陷信息的两个检测信号,因此,一个典型的 ACFM 探头就包含矩形激励线圈和两个相互垂直的检测传感器(图7-7)。其检测原理如图7-8所示,原本同向流动的均匀感应涡流场受缺陷的干扰,会沿缺陷边缘发生偏转和汇聚,同时

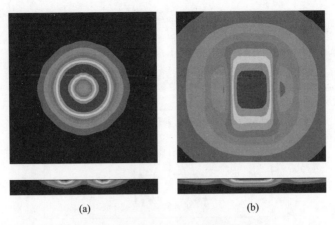

图 7-6 两种涡流分布特征对比
(a)圆柱形激励线圈垂直放置；(b)矩形激励线圈切向放置。

引起被测试件上方的磁场也发生变化:在缺陷左右两端开口处，感应涡流汇聚十分密集，反映在法向磁场分量 B_z 的信号曲线上表现为一正一反两个波峰，而流经缺陷底部的感应涡流此时会减少，则切向磁场分量 B_x 的信号曲线，在缺陷上方出现明显的凹陷，ACFM 正是基于感应电磁场这一变化特征对缺陷进行评估。

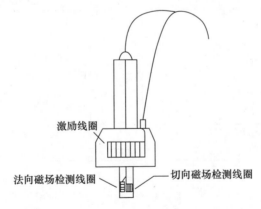

图 7-7 ACFM 探头结构示意图

此外，为了更好地描述检测信号和缺陷参数之间的关系，也可以将两个检测信号值直接联系起来做分析，分别以 B_x 和 B_z 作为纵、横坐标轴绘制二维图。如果检测到试件内部出现缺陷，信号输出就会出现一个如图 7-9 所示的缺陷环，被形象地称为蝶形图[22]。蝶形图主要用于定性标识缺陷，避免由于探头抖动、停滞或回退等不规则运动所造成的漏判和误判，提高检测的可靠性。

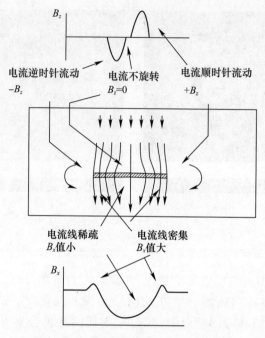

图7-8 ACFM检测原理示意图

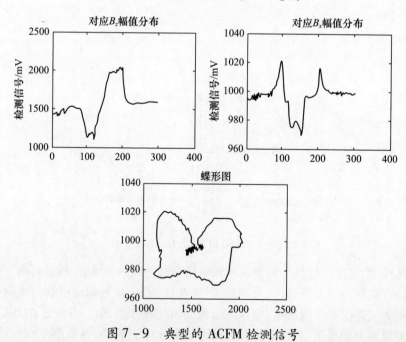

图7-9 典型的ACFM检测信号

7.3 均匀场特性分析及探头设计

7.3.1 均匀感应场分布特性

由前述分析可知,交变磁场测量技术的感应电磁场具有独特的空间分布特点,形成对缺陷定量检测的潜在优势,脉冲涡流检测信号则具有时间历程性,下面从原理层面对两项技术进行技术集成研究,结合两者所蕴含的空间和时间特性实现缺陷评估。首先采用三维瞬态涡流场-电路耦合有限元建模仿真,更进一步分析矩形激励线圈下感应涡流的密度分布及流向特点,如图7-5所示,依据激励线圈的形状选择笛卡儿坐标系,原点 O 位于被测导体中心,XOY 平面位于导体表面,Z 轴垂直于导体向上。矩形激励线圈长为 L,宽为 W,高为 H,切向放置导体上方,与导体表面的间隔 $d=2$mm。被测导体长为 $2a$,宽为 $2b$,厚度为 h。为消除导体边界对感应涡流分布的影响,导体的长和宽应远大于线圈长度,一般设定 $a=b=5L$,外部空气域半径为 $10a$。激励源选择占空比为50%脉冲波,周期为 T,考虑对称性,可只计算 $0\sim T/2$ 时间段。其他计算参数在下文有具体说明,有限元建模基本步骤和实现方法可参见2.4节。

在矩形激励线圈切向放置,被测试件无缺陷存在的情况下,试件表面感应涡流的流向及其密度值分布如图7-10所示。线圈下方的中心附近区域内,涡流流向具有一致性,均朝同一个方向流动,即与线圈中激励电流同向,而涡流闭环的形成则在线圈左右两侧。设某时刻导体上各点处总涡流密度为 J_{esum},X、Y 和 Z 三个方向的分量分别为 J_{ex}、J_{ey} 和 J_{ez},定量分析各点涡流大小及其方向可以发现:在矩形线圈正下方区域,平行 Y 轴流动的涡流密度远远大于另外两个方向的涡流密度(即 $J_{ey} \gg J_{ex}$、$J_{ey} \gg J_{ez}$),并且其值约等于总涡流密度值,即 $J_{ey} \approx J_{esum}$,这说明该区域内涡流密度相等,并且流向相同,是一个均匀分布的涡流区,在感应涡流衰减为零之前,该区域均符合上述规律分布。图7-10(b)给出了涡流密度等值线分布图,图中线上标注值表示该处涡流密度和最大涡流密度的比值。从图中可以清楚地看到,在涡流流向具有同向性的区域,以工程允许的误差10%计算,该区域内涡流密度近似相等,并且是待测试件表面密度最大的区域。

与感应涡流相对应,线圈下方感应磁场的分布如表7-1所列,表中给出了3个磁感应强度分量 B_x、B_y、B_z 和总量 B_{sum} 的数值,根据图7-5中定义的坐标系,线圈中激励电流沿 $+Y$ 向流动,其中 B_x 为与激励电流流向相垂直的磁场分量,B_y 为与激励电流流向相平行的磁场分量,B_z 则是垂直于待测试件表面的磁场

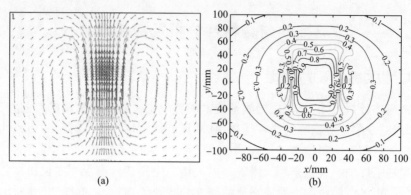

图7-10 感应涡流流向及密度分布(见彩图)
(a)涡流流动路径;(b)涡流密度等值线。

分量。取值范围为待测试件上方 $z=0.25\text{mm}$,当 $x=0$ 时,y 方向上从 -5.0mm 到 5.0mm 和当 $y=0$ 时,x 方向上从 -5.0mm 到 5.0mm 两个区域内。从表中可以很清楚地看到磁场的分布规律。

(1) X 向磁场分量约等于总的磁场分量,另外两个方向 Y 和 Z 向磁场分量可忽略不计,即 $B_x \approx B_{\text{sum}}$,$B_x \gg B_y$,$B_x \gg B_z$。

(2) 在 $-5.0\text{mm} \leq x, y \leq 5.0\text{mm}$ 的范围内,总磁感应强度 B_{sum} 的变化率最大仅为 2.23%,可近似看作相等,即感应磁场在该范围内成同向均匀分布。

(3) 感应磁场与感应涡流分布特征一致,说明矩形激励线圈切向放置情况下,可在待测试件上某一空间区域内感应出同向的、均匀分布的电磁场,这种感应场具有明显的方向性和一致性,在后文分析中能看到这种分布特点对缺陷定量检测的优势。

表7-1 矩形激励线圈下方的磁感应强度值($t=0.26\text{ms}$)

$(x,y,z)/\text{mm}$	B_x/T	B_y/T	B_z/T	B_{sum}/T
$(-5.0,0,0.25)$	1.7959×10^{-2}	5.2807×10^{-6}	2.8804×10^{-4}	1.8181×10^{-2}
$(-4.0,0,0.25)$	1.8047×10^{-2}	3.3319×10^{-6}	2.1631×10^{-4}	1.8261×10^{-2}
$(-3.0,0,0.25)$	1.8136×10^{-2}	1.4146×10^{-6}	1.4506×10^{-4}	1.8341×10^{-2}
$(-2.0,0,0.25)$	1.8172×10^{-2}	1.425×10^{-6}	9.6920×10^{-5}	1.8374×10^{-2}
$(-1.0,0,0.25)$	1.8209×10^{-2}	4.0851×10^{-6}	4.8942×10^{-5}	1.8406×10^{-2}
$(0,0,0.25)$	1.8209×10^{-2}	4.2462×10^{-6}	1.3897×10^{-6}	1.8406×10^{-2}
$(1.0,0,0.25)$	1.8209×10^{-2}	4.4076×10^{-6}	5.1716×10^{-5}	1.8407×10^{-2}
$(2.0,0,0.25)$	1.8172×10^{-2}	2.3160×10^{-6}	9.9871×10^{-5}	1.8374×10^{-2}
$(3.0,0,0.25)$	1.8135×10^{-2}	5.3128×10^{-6}	1.4825×10^{-4}	1.8341×10^{-2}

续表

$(x,y,z)/\mathrm{mm}$	B_x/T	B_y/T	B_z/T	$B_{\mathrm{sum}}/\mathrm{T}$
(4.0, 0, 0.25)	1.8043×10^{-2}	1.5541×10^{-6}	2.2121×10^{-4}	1.8258×10^{-2}
(5.0, 0, 0.25)	1.7951×10^{-2}	2.6790×10^{-6}	2.9487×10^{-4}	1.8175×10^{-2}
(0, -5.0, 0.25)	1.7796×10^{-2}	4.1020×10^{-6}	1.6643×10^{-6}	1.8003×10^{-2}
(0, -4.0, 0.25)	1.7929×10^{-2}	3.1175×10^{-6}	1.8067×10^{-6}	1.8133×10^{-2}
(0, -3.0, 0.25)	1.8063×10^{-2}	2.1425×10^{-6}	3.5896×10^{-6}	1.8264×10^{-2}
(0, -2.0, 0.25)	1.8136×10^{-2}	8.0587×10^{-7}	2.8182×10^{-6}	1.8335×10^{-2}
(0, -1.0, 0.25)	1.8209×10^{-2}	3.0766×10^{-6}	2.1034×10^{-6}	1.8407×10^{-2}
(0, 0, 0.25)	1.8209×10^{-2}	4.2462×10^{-6}	1.3897×10^{-6}	1.8406×10^{-2}
(0, 1.0, 0.25)	1.8208×10^{-2}	5.4159×10^{-6}	7.3918×10^{-7}	1.8406×10^{-2}
(0, 2.0, 0.25)	1.8134×10^{-2}	4.7069×10^{-6}	1.2636×10^{-6}	1.8333×10^{-2}
(0, 3.0, 0.25)	1.8059×10^{-2}	4.1391×10^{-6}	2.5744×10^{-6}	1.8260×10^{-2}
(0, 4.0, 0.25)	1.7924×10^{-2}	4.9706×10^{-6}	2.2446×10^{-7}	1.8128×10^{-2}
(0, 5.0, 0.25)	1.7789×10^{-2}	5.8051×10^{-6}	2.8219×10^{-6}	1.7996×10^{-2}

进一步地,感应磁场随时间变化的特点如图7-11所示,从图中可以看到:

(1) 当线圈中加载顺时针方向流动的脉冲激励电流后,产生的感应磁场表现为:与电流流向垂直的X向磁感应强度B_x和总磁感应强度B_{sum}的时间曲线基本吻合,而B_y和B_z则比B_x小4个数量级,可以忽略不计,这说明在检测周期内,感应磁场具备同向性,与表7-1结论一致;

(2) 待测试件与线圈探头通过感应电磁场发生耦合作用,待测试件对感应磁场的影响主要体现在信号的起始时间段,之后感应磁场慢慢趋向一个稳定值,这说明有效提取该时间段的特征可以用于分析待测试件电磁特性。

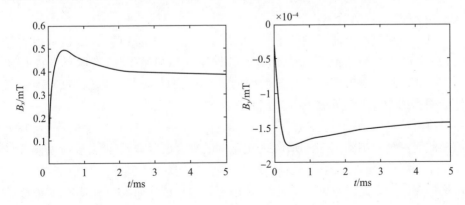

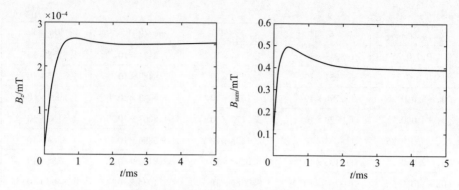

图 7-11　磁感应强度随时间变化的曲线(无缺陷存在时)

7.3.2　激励线圈优化设计

从前面分析可知,矩形激励线圈与圆柱形激励线圈下的涡流流动模式有显著不同,主要表现在未受其他外界条件干扰时,可在检测区域形成密度值相等、同向流动的均匀感应电磁场,这一特点将十分有利于缺陷参数的定量评估。下面采用三维有限元建模,对各种参数的矩形线圈进行尺寸优化设计,尽可能提高均匀场的检测特性和覆盖区域。

图 7-12 给出了一组长、宽、高各不相同的矩形激励线圈,在待测导体表面 200mm×200mm 区域内感应涡流密度等高线图,其中图 7-12(a)、(b)、(c) 和 (d) 分别对应线圈长×宽×高为 20mm×12.5mm×12.5mm、40mm×25mm×25mm、80mm×50mm×50mm 和 100mm×62mm×62mm,图中最内层区域内密度值最大,向外依次递减,最外层区域外密度值最小。从图中可以清楚地看到:

(1) 随着线圈尺寸增大,线圈绕线面积增大,感应涡流的区域也增大,同时符合均匀场特性的涡流区域随之成比例增大,实际检测中一次可探测的区域增大,有利于提高检测效率;

(2) 分析均匀涡流区域的形状,采用过小尺寸矩形线圈,该区域近似椭圆形,并且面积不到线圈平行截面积(指与被测试件平行的横截面)的 1/10 (图 7-12(a)),随着线圈平行截面增大,均匀场形状接近规则的矩形,面积可达线圈面积的 1/3,这可作为线圈尺寸设计的参考指标。

将圆柱形激励线圈变换放置方式,使它的中心轴与待测试件表面平行,其感应出的涡流分布如图 7-13 所示,对比常规的垂直放置方式,两者感应涡流分布区别十分明显,最直观地就体现在线圈正下方的区域内,水平放置的圆柱形线圈也可以在试件表面感应出均匀涡流区,但由于它与试件的耦合面很窄,所以这一

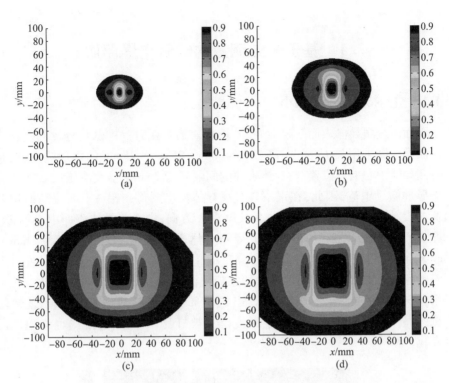

图 7-12 不同尺寸激励线圈下感应涡流分布对比($t=0.26$ms)(见彩图)

均匀区域面积很小。结合前面的分析可以得出,并不是只有矩形线圈才能感应出均匀场,均匀感应场的形状很大程度上受激励线圈与待测试件之间的耦合面形状影响。所以,在线圈制作中,与试件构成何种耦合面才是首要考虑的问题,它需结合试件形状进行设计。

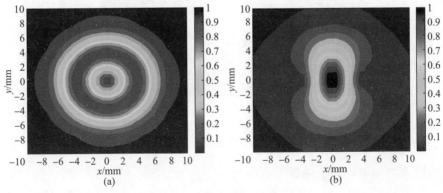

图 7-13 圆柱形线圈不同放置方式下感应涡流对比(见彩图)
(a)垂直放置;(b)水平放置。

7.4 基于多维测量的缺陷定量评估

7.4.1 空间特征与缺陷大小

下面以金属导体表面缺陷为例,分析有缺陷存在时三维磁场分量的变化特点。激励线圈采用长 L、宽 W、高 H 为 40mm×25mm×25mm 的矩形线圈,放置于待测导体中心上方位置,与导体表面的间隔 d 为 2mm。给线圈施加顺时针流动的脉冲激励电流,因此,在正下方金属导体内会感应出沿 $+Y$ 向流动的均匀涡流。设缺陷长 l_c、宽 w_c、深 d_c,其长度沿 X 方向,中心与导体表面中心(即坐标原点 O)重合。图 7-14 给出了待测导体内存在一个长、宽、深为 8mm×1mm×5mm 缺陷时,感应涡流场的分布变化。从图中可以清楚地看到,由于缺陷的存在,原本同向的均匀流动的感应涡流场被打乱,涡流向缺陷开口两端汇聚偏转,导致端口处涡流密度最大,同时部分涡流沿缺陷底部偏转,使缺陷区域的涡流密度明显减小。由于涡流模式被打乱,空气中的磁场也将随之发生变化。

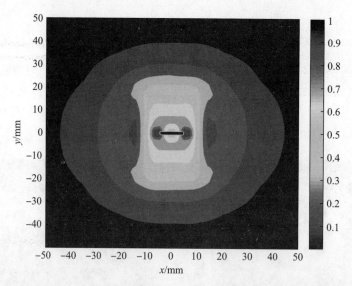

图 7-14 缺陷存在时对感应涡流分布的扰动(见彩图)

1. 缺陷横截面尺寸评估

为了更直观地反映缺陷引起的磁场变化,下面分析当待测导体内存在不同尺寸的缺陷时,磁场差分信号的变化特征,用 ΔB_x、ΔB_y 和 ΔB_z 分别表示 X、Y 和 Z

3个方向上感应磁场的差分信号。

从信号的时间历程上分析,导体内缺陷长 $l_c = 15\text{mm}$,宽 $w_c = 10\text{mm}$,深 $d_c = 2.0\text{mm}$,检测信号的时间 t 在 $0 \sim 5.0\text{ms}$ 变化,取金属导体上方 $z = 0.5\text{mm}$, $y = 0$ 的空气中,x 在 $-25 \sim 25\text{mm}$ 范围内的磁场差分信号,绘制其随时间-空间变化的三维图,如图 7-15 所示。可以清楚地看见,在缺陷附近的各点处,3 个方向上的磁场差分信号 ΔB_x、ΔB_y 和 ΔB_z 均发生明显变化,主要集中在时域信号最前端,当到达最大(小)值之后逐渐趋于零,形成了一个个有峰值的脉冲信号。根据电磁感应原理探究其信号形成机理,脉冲涡流检测中采用脉冲激励电压(流),感应涡流主要产生在电场发生变化时。当激励信号达到稳定,感应涡流也会迅速衰减为零,缺陷对电磁场产生改变主要集中在涡流存续期间,因此反映在感应磁场上,信号只在有限的时间内发生改变,缺陷信息就蕴含在这一阶段。同时,综合分析不同位置点信号波形,可以发现在缺陷附近磁场变化最剧烈,其信号时域波形起伏最明显,远离缺陷,磁场不受影响。

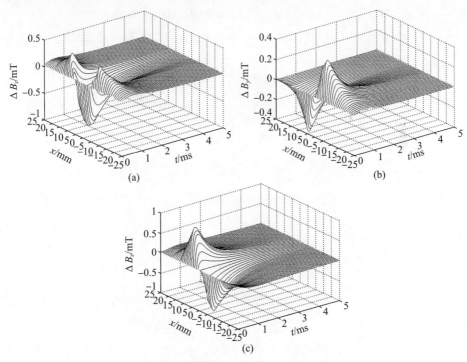

图 7-15 受缺陷扰动的三维磁场分量的时域响应特点
($x = -25\text{mm} \sim 25\text{mm}$, $y = 0$, $z = 0.5\text{mm}$)
(a) ΔB_x; (b) ΔB_y; (c) ΔB_z。

从信号的空间分布上分析,在 $t = 0.48\text{ms}$,正处于信号时域极值附近时,取 $z = 0.5\text{mm}$,x 和 y 在 $-25 \sim 25\text{mm}$ 范围内的磁场差分信号,绘制其空间变化的三维图,如图 7-16 所示。首先看 ΔB_x,由 7.3 节分析可知,在缺陷左右两端 ΔB_x 明显突起,在缺陷中间 ΔB_x 凹陷,出现空间分布上的最小值,正好对应着缺陷区域;ΔB_y 则在缺陷上、下边缘和左、右边缘处产生明显波动,信号峰值正好出现在缺陷的 4 个边角处,反映了缺陷宽度的大小;ΔB_z 则在缺陷的左、右两端产生波峰和波谷,出现类似正弦波形状的分布,指示了缺陷长度的大小。

究其成因,无缺陷时,金属导体上形成沿 $+Y$ 向均匀流动的感应涡流 J_{ey},缺陷的出现阻挡了涡流流动,打破了原本均匀分布的状态,此时,J_{ey} 会沿着缺陷边缘汇聚和偏转,造成另两个方向上出现不为零的涡流分量 J_{ex} 和 J_{ez},感应磁场也随之发生改变,部分涡流从缺陷底部流过,ΔB_x 在缺陷内部出现了凹陷,缺陷越深,从缺陷底部流过的涡流量越少,则 ΔB_x 会凹陷越厉害。同时,部分涡流顺着缺陷边缘发生偏转,形成了 ΔB_y 和 ΔB_z 信号,由于涡流沿缺陷轮廓呈反向偏转,因此,ΔB_y 和 ΔB_z 的空间分布呈现出如正弦波一样的正负峰值。

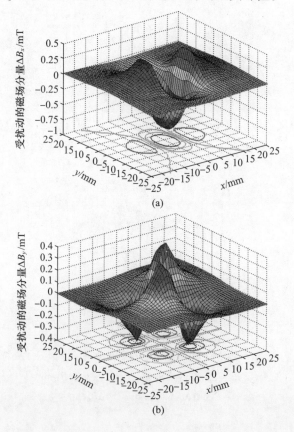

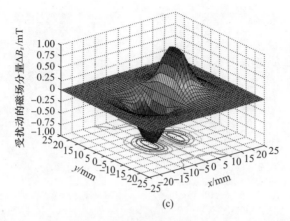

(c)

图 7-16 受缺陷扰动的三维磁场分量的空间分布特点($t=0.48\mathrm{ms}$)(见彩图)
(a)ΔB_x;(b)ΔB_y;(c)ΔB_z。

由上述分析可以看出,在新的涡流场作用模式下,缺陷评估所采用的检测量可以从常规脉冲涡流检测中一维度的检测量(Z向)有效地拓展至3个维度的检测量(X、Y、Z向),并且每个检测量对缺陷的轮廓或者尺寸参数展现出较强的指征作用。图7-17给出了两个不同形状的缺陷引起的磁场分布变化,图中白线所围区域即为缺陷,分别是12mm×12mm×5mm的矩形缺陷和12mm×8mm×5mm的梯形缺陷,位于导体中心。对比两种缺陷的三维磁场分布变化可清楚地看到,同向均匀分布的磁场对缺陷形状变化更敏感,其受到扰动之后的分布状态随缺陷形状而定,缺陷是梯形时,在缺陷上底边处磁场极值分布明显有收窄趋势,如ΔB_x的凹陷形状、ΔB_y和ΔB_z的极值分布范围,这说明相比常规脉冲激励探头,新的探头形式更有利于缺陷定量探测。

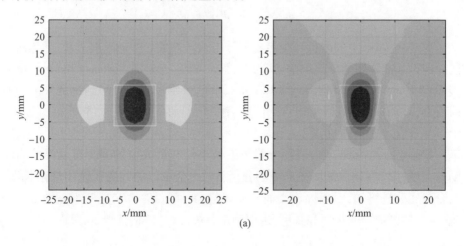

(a)

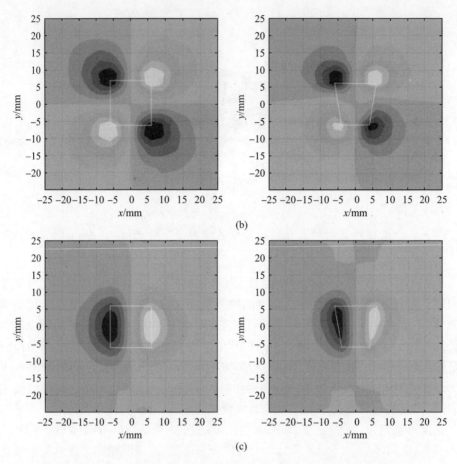

图 7-17 受不同形状缺陷干扰的磁场空间分布（见彩图）
(a) ΔB_x；(b) ΔB_y；(c) ΔB_z。

更进一步地，下面分析三维磁场信号与缺陷参数之间的映射关系，导体内有同深但长和宽不同的一组缺陷，其长 l_c、宽 w_c 和深 d_c 分别为 8mm×8mm×5mm、10mm×10mm×5mm 和 12mm×12mm×5mm，分别取检测信号到达最大值的时间点上，3 个磁场差分信号相对缺陷位置变化的曲线如图 7-18 所示。综合 3 个信号来看，缺陷的面积增大，磁场信号幅值随之增大。从图 7-18(b)可知，可以在缺陷上下边缘处，Y 向磁场分量 ΔB_y 最小值和最大值的间距直观反映出缺陷的宽度；图 7-18(c)中，Z 向磁场分量 ΔB_z 两个峰值的间距反映出缺陷长度。结合前述分析可知，对腐蚀这类面积型缺陷，其通过 B_y 和 B_z 这两维磁场量的变化，定量检测缺陷的长度和宽度，进而确定腐蚀面积，评估其严重程度。

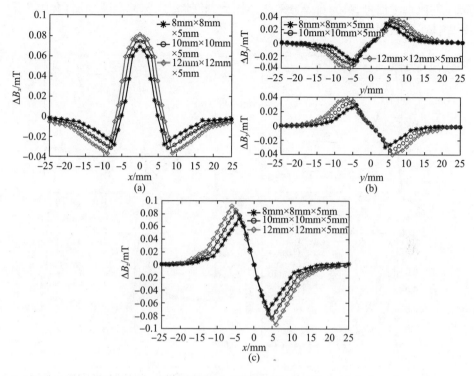

图 7-18 受不同面积缺陷干扰的磁场空间分布
(a) ΔB_x; (b) ΔB_y; (c) ΔB_z。

2. 缺陷贯穿深度评估

在金属构件质量评估中,结构内部是否存在缺陷以及缺陷深度大小是评价其可靠性的重要参量,缺陷裂开越深,预示着构件断裂的可能性越大。这类缺陷多是由结构受力不均或应力太过集中造成的,一般表现为细长性裂纹。以前面的研究为基础,下面分析缺陷深度与磁场量变化特征之间的映射关系。

导体内有长、宽相同但深度不同的 5 组缺陷,其长 l_c、宽 w_c 和深 d_c 分别为 10mm × 1mm × 1mm、10mm × 1mm × 2mm、10mm × 1mm × 3mm、10mm × 1mm × 4mm 和 10mm × 1mm × 5mm,如图 7-19 所示,左图是磁场信号的时间曲线,取值是信号出现极值的位置,右图是磁场信号的空间曲线,取值是信号达到极值的时刻。分析随着缺陷深度发生改变,信号极值的变化幅度,可以发现缺陷深度每增加 1mm,ΔB_x 极值的最小变化幅度可达到 63%,ΔB_z 极值的最小变化幅度可达到 50%,均对缺陷深度变化灵敏。需要强调的是,依据同向均匀感应场的特征分析(详见 7.3.1 节),在新型探头作用模式下,无缺陷时 Y 向和 Z 向磁场实际上为零,只有出现缺陷,才会有信号输出,信号直观反应缺陷大小,检测中无须标准试件或参考信号,具有自差分效果。因此,相比常规脉冲涡流检测,文中所采用的探头对缺陷具有极高的灵敏度。

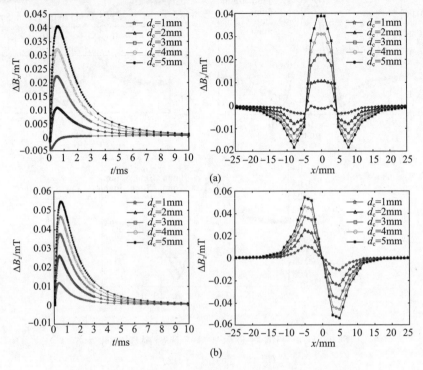

图7-19 受不同深度缺陷干扰的磁场空间变化
(a) ΔB_x;(b) ΔB_z。

7.4.2 时域响应与缺陷纵深位置

前面基于交变磁场测量与脉冲涡流检测的融合,提出了从多维测量实现缺陷的定量评估,重点分析了磁场信号三维空间分布与缺陷大小变化之间的映射关系,下面从脉冲检测信号的时间维度研究金属导体中隐含缺陷的检测。

模型如图7-5所示,待测导体内有长 l_c、宽 w_c 和深 d_c 为 10mm × 10mm × 2mm 的缺陷,导体由厚度均为 3mm 的两层金属板构成,40mm × 25mm × 25mm 的矩形线圈置于导体上方,施加占空比为 50% 脉冲电压。设缺陷距离待测导体表面的距离为 h_c,当缺陷出现在 4 个位置上:第一层金属板表面($h_c=0$mm)、第一层金属板底面($h_c=1.0$mm)、第二层金属板表面($h_c=3.5$mm)和第二层金属板底面($h_c=4.5$mm),检测得到的磁场信号的时域波形如图7-20所示。不论是表面缺陷还是表面下缺陷,三维磁场分量均表现为一个上升到极值之后迅速衰减为零的脉冲信号,具体表现为信号值随着缺陷所处的位置越深,其值越小,而信号的起始时间和到达峰值的时间(在图中已用连线标注出 4 个峰值时间点)越滞后,如图中处于第二层金属板的缺陷,信号起始时间明显滞后于第一层,并且信号变化相对平缓。结合涡流的趋肤效应可知,缺陷处于待测导体越深处,瞬态感应电磁场在到达缺陷之前,其传播路径随之增加,会有越多的高频电磁场能量被衰减,能到达缺陷所在位置的必然是频率低一些的感应电磁场,关于脉冲涡流检测信号的时-频域研究可参考本书第 6 章。因此,信号起始时间、峰值大小以及峰值时间这 3 个时域特征可作为缺陷纵深位置判断的参量。

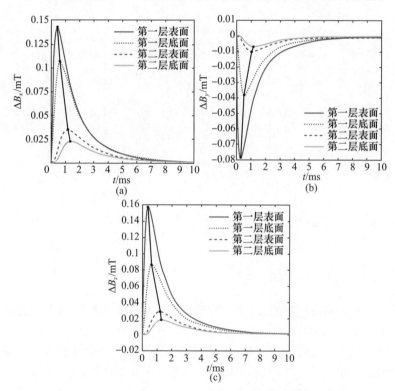

图 7-20 不同纵深位置的缺陷引起的磁场时变信号
(a)ΔB_x;(b)ΔB_y;(c)ΔB_z。

以上分析了多维磁场的时变信号对缺陷纵深位置变化的响应特征,当缺陷处于不同纵深位置时,引起的磁场空间变化特征如图 7-21 所示。与表面缺陷一样,在新型涡流作用模式下,即使缺陷处于待测导体内部,其磁场信号随空间位置的变化仍然可以反映出缺陷大小,即 7.4.1 节中关于三维磁场量与缺陷尺寸之间的映射关系的结论仍然成立。

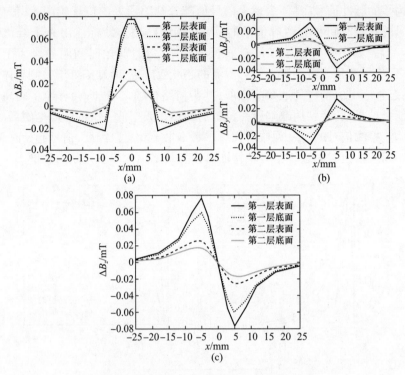

图 7-21 不同纵深位置缺陷引起的磁场空间变化($t=1.4\text{ms}$)
(a) ΔB_x；(b) ΔB_y；(c) ΔB_z。

7.4.3 多缺陷同时存在的检测

从 7.4.1 节的分析可知，改变常规脉冲涡流中探头与缺陷的作用模式，将交变磁场测量中均匀感应场引入脉冲涡流检测中，空间场状态改变结合信号时变特征可以利用多维测量实现缺陷参数评估，包括缺陷尺寸以及所处位置深度，可看到新型脉冲涡流检优势特别明显。下面将研究从单个缺陷扩展至多个缺陷，分析多缺陷存在时的检测能力。

待测导体厚度 h 为 6mm，其内部存在两个缺陷，长 l_c、宽 w_c 和深 d_c 分别为 $15\text{mm}\times 1\text{mm}\times 5\text{mm}$ 和 $10\text{mm}\times 1\text{mm}\times 5\text{mm}$，均沿 X 方向，在 Y 方向上两个缺陷相距 2mm，其相对位置如图 7-22 所示，设 X 方向上缺陷之间的距离为 D_i。根据 7.3 节中关于激励线圈尺寸优化设计的结论，为保证缺陷处于均匀检测区域，这里采用长 L、宽 W、高 H 为 $80\text{mm}\times 50\text{mm}\times 50\text{mm}$ 的矩形激励线圈，置于导体上方 2mm 的空气中，导体内感应涡流出沿 $+Y$ 向流动的均匀涡流。图 7-23、图 7-24 为两个缺陷同时存在时三维磁场分量的分布特征。

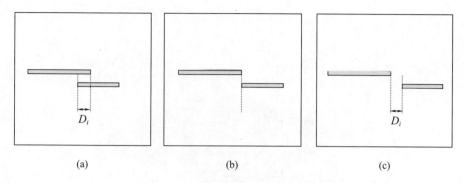

图 7-22 缺陷相对位置示意图
(a)重叠,$D_i = -3$mm; (b)$D_i = 0$; (c)间隔,$D_i = 3$mm。

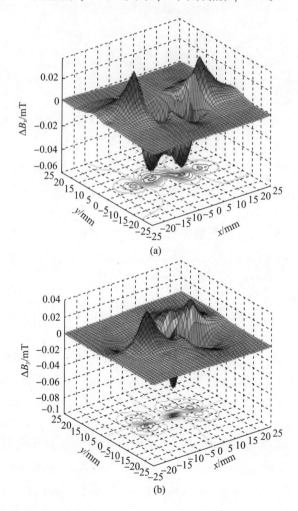

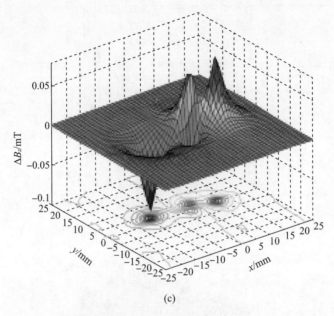

(c)

图 7-23 多缺陷引起的磁场空间变化($t=0.3$ms)(见彩图)

(a)ΔB_x;(b)ΔB_y;(c)ΔB_z。

图 7-23 中缺陷处于重叠状态($D_i=-3$mm),此时 $t=0.3$ms。从图中可以看到,即使有 2 个缺陷同时存在,新的脉冲涡流作用模式下,从磁场的变化仍然可直观判断出缺陷的位置以及数量,并且对缺陷轮廓的指示作用很强,其中 ΔB_x 在 X 向上存在 2 个极大值,其所围的区域即为缺陷存在的区域,其区域内部信号值减小,出现极小值;ΔB_y 在 Y 向上出现 3 对极值,指示两个缺陷的裂口宽度,以及它们的重叠位置;ΔB_z 对缺陷的存在更为敏感,在 X 向上的 2 对极值清楚地反映了每个缺陷的裂口位置及其长度。

进一步地,图 7-24 分别给出了两个缺陷重叠 3mm、靠近和间隔 3mm 三种状态下,各自对应的磁场空间分布。结合两缺陷的位置变化分析发现,在新型脉冲涡流作用模式下,磁场对缺陷的相对位置、单个缺陷的尺寸均有较高的灵敏性,在图中具体表现为缺陷是分开还是重叠,各缺陷的轮廓仍能清楚展现,并且依据前面所提出的信号特征量,可以从空间上去分离缺陷和评估缺陷尺寸。究其成因,主要在于新模式下,感应场具有均匀性,因此对缺陷的扰动极其灵敏,其次感应场的同向性又提供了多维度解耦测量的优势,与缺陷尺寸之间形成了一定的映射关系,这是常规脉冲涡流检测模式所不具备的。

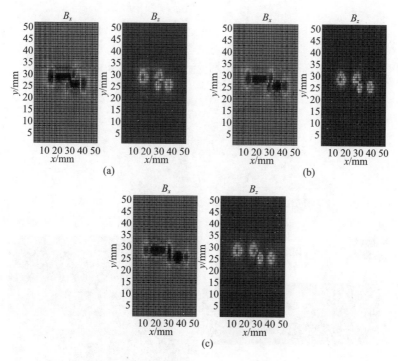

图 7-24 两个缺陷相互位置发生变化时磁场空间分布(见彩图)
(a)重叠,$D_i=-3mm$;(b)$D_i=0$;(c)间隔,$D_i=3mm$。

7.5 实验验证及讨论

7.5.1 探头设计与制作

脉冲涡流检测实验系统的硬件实现请参见 6.6 节,新型探头结构如图 7-25 所示,为一矩形激励线圈和 3 个检测线圈,矩形激励线圈由 0.2mm 的漆包线绕制而成,大小为 40mm×25mm×25mm,匝数为 450,切向放置在导体板上方。3 个检测线圈的参数如表 7-2 所列,用于测量得到 x、y 和 z 3 个方向上的磁场变化转化为感应电压值。

表 7-2 3 个检测线圈尺寸参数

检测线圈	线圈内径 d_i/mm	线圈外径 d_e/mm	线圈高度 h/mm	绕线线径 d_l/mm	绕线匝数 N
x 向	1.5	1.8	2.5	0.02	300
y 向	1.5	2.9	2.5	0.02	900
z 向	1.5	2.9	2.5	0.02	900

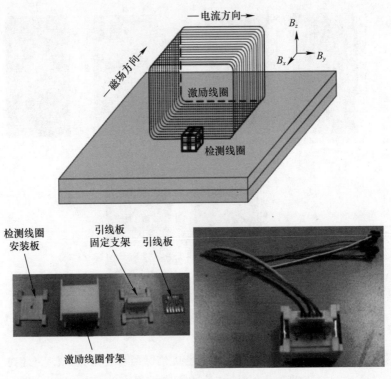

图7-25 探头结构示意图及实物制作

7.5.2 实验结果分析

实验目的是验证在新型作用模式下多维测量对缺陷的定量评估。脉冲激励电压为占空比为50%，周期为10ms的矩形脉冲，幅值为25V，对导体板上大小为15mm×10mm×0.5mm、15mm×10mm×1.0mm和15mm×10mm×2.0mm的3个缺陷进行实验，取3个方向上的差分感应电压ΔU_x、ΔU_y和ΔU_z进行分析。

图7-26是3个差分感应电压的时间响应，均呈现脉冲波形。从图中可以看出，缺陷越深，信号值变化越大，整个信号波形直观地反映出缺陷深度的大小。进一步地，对不同位置上所测的时域信号，取同一时刻的值可形成位置扫描信号，如图7-27所示，与仿真结果所指出的一致，X向检测信号ΔU_x在缺陷内部时最小，Y向检测信号ΔU_y在沿缺陷宽度的扫描路径上出现正、负两个峰值，其位置处于缺陷的边缘处，正、负两个峰值之间的距离指示缺陷宽度，据此可以判断缺陷的宽度大小，而Z向检测信号ΔU_z同样也会出现正、负两个峰值，只不过这两个峰值出现在沿缺陷长度的扫描路径上，位置为缺陷两端点处，两个峰值之

间的距离和缺陷的长度大小对应。

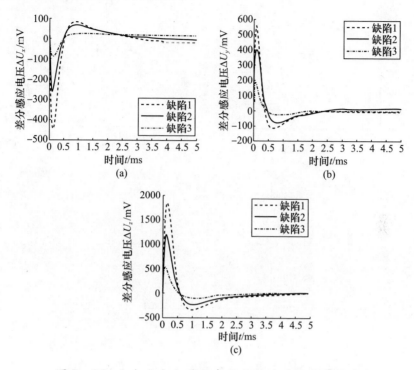

图 7-26 3个方向上差分感应电压的时间响应信号
(a) $\Delta U_x(x=0,y=0,z=1.25\text{mm})$；(b) $\Delta U_y(x=-7.5\text{mm},y=5\text{mm},z=1.25\text{mm})$；
(c) $\Delta U_z(x=-7.5\text{mm},y=0,z=1.25\text{mm})$。

从实验结果分析看,采用新的脉冲涡流检测探头将一维检测扩充到三维检测,根据三维磁场响应信号的幅值变化特点能实现对缺陷的定量评估。在实际检测中可发现无缺陷时 X 向信号 U_x 很大,远远大于另外两个方向的信号 U_y 和 U_z,这符合前面分析中所阐述的均匀场的特点。当出现缺陷时,U_x 的变化则不如 U_y 和 U_z 的变化明显,对于2mm深的缺陷,前者的最大变化量约为9.8%,而后两个分量的最大变化量甚至可以达到100%和300%。在沿缺陷的扫描过程中能观察到两个信号幅值发生的明显变化,这主要是因为新探头在这两个方向上具有自差分的特点,无缺陷时,磁场沿 X 轴均匀分布,无 Y 和 Z 向分量,所以相应的检测信号 U_y 和 U_z 近似为零。有缺陷时,磁场均匀分布的状态被改变,在 Y 和 Z 上有了分量 ΔU_y 和 ΔU_z,所以这两个方向上检测的灵敏度很高。上述实验数据和数值分析的结论一致,采用新涡流作用模式的脉冲探头,可进行多维检测量的测量以实现缺陷定量评估。

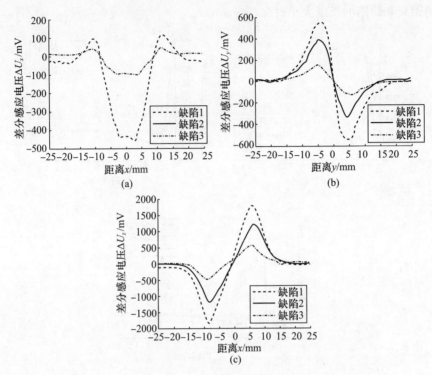

图7-27 3个方向上差分感应电压随位置变化的波形

(a) $\Delta U_x(t=0.125\text{ms}, y=0)$；(b) $\Delta U_y(t=0.10\text{ms}, x=-7.5\text{mm})$；(c) $\Delta U_z(t=0.10\text{ms}, y=0)$。

参 考 文 献

[1] SMITH R A, HUGO G R. Deep Corrosion and Crack Detection in Aging Aircraft using Transient Eddy-current NDE[J]. Insight, 2001, 43(1): 14-24.

[2] 杨宾峰, 罗飞路, 张玉华, 等. 飞机多层结构中裂纹的定量检测及分类识别[J]. 机械工程学报, 2006, 42(2): 63-67.

[3] KRAUSE H J, PANAITOV G I, ZHANG Y. Conductivity Tomography for Non-destructive Evaluation using Pulsed Eddy Current with HTS SQUID magnetometer[J]. IEEE Transaction on Applied Superconductivity, 2003, 13(2): 215-218.

[4] LEFEBVRE J V. Simultaneous Conductivity and Thickness Measurements using Pulsed Eddy Current[D]. Canada, Ottawa: Royal Military College of Canada, 2003.

[5] Fu F W, Bowler J R. Transient Eddy-Current Driver Pickup Probe Response Due to a conductive Plate[J]. IEEE Transactions on Magnetics, 2006, 42(8): 2029-2037.

[6] Sophian A, Tian G Y, Taylor D, et al. Design of a Pulsed Eddy Current Sensor for Detection of Defects in Aircraft Lap-joints[J]. Sensors and Actuators A: Physical, 2002, 101(30): pp92-98.

[7] YANG H C,TAI C C. The Interaction of Pulsed Eddy Current with Metal Surface Crack for Various Coils[J]. Review of Quantitative Nondestructive Evaluation,2002,21:409 – 414.

[8] YANG B F,LUO F L,CAO X H,et al. Array Pulsed Eddy Current Imaging System used to Detect Corrosion[J]. Chinese Journal of Mechanical Engineering,2005,18(2):196 – 198.

[9] YANG Binfeng, LUO Feilu, ZHANG Yuhua, et al. Quantification and Classification of Cracks in Aircraft Multi – layered Structure[J]. Chinese Journal of Mechanical Engineering,2006,42(2):63 – 67.

[10] DOLABDJIAN C P,PEREZ L,HAAN V O D,et al. Performance of Magnetic Pulsed – eddy – current System using High Dynamic and High Linearity Improved Giant Magnetoresistance Magnetometer[J]. IEEE Sensors Journal,2006,6(6):1511 – 1517.

[11] BOWLER N, BOWLER J R, PODNEY W. Response Model of Superconductive, Pulsed Eddy – current Probes for Detection of Deeplying Flaws[J]. Review of Progress in Quantitative Nondestructive Evaluation, 2001,20:941 – 948.

[12] KRAUSE H J,PANAITOV G I,ZHANG Y. Conductivity Tomography for Non – destructive Evaluation using Pulsed Eddy Current with HTS SQUID Magnetometer[J]. IEEE Transaction on Applied Superconductivity, 2003,13(2):215 – 218.

[13] HELLIER C J. Handbook of Nondestructive Evaluation[M]. New York:McGraw – Hill,2003.

[14] 杨宾峰. 脉冲涡流无损检测若干关键技术研究[D]. 长沙:国防科技大学,2006.

[15] Johnson M J,Bowler J R, Azeem F. Pulsed Eddy – Current NDE at Iowa State University – Recent Progress and Results[J]. Review of Quantitative Nondestructive Evaluation,2003,22:390 – 396.

[16] Harrison D J. Transient Eddy Currents – are They Here to Stay? [J]. Insight,2005,47(3):114 – 152..

[17] Plotnikov Y A,Bantz W J,Hansen J P. Enhanced Corrosion Detection in Airframe Structure Using Pulsed Eddy Current and Advanced Processing[J]. Material Evaluation,2007,4:403 – 410.

[18] Dariush M S, and Reza F. M. 1 – D Probe Array for ACFM Inspection of Large Metal Plates[J]. IEEE Transactions on Instrumentation and Measurement,2002,51(2):374 – 382.

[19] Carroll L B, Eng B. Investigation Into The Detection And Classification Of Defect Colonies Using ACFM Technology[D]. Canada:University of Newfoundland,1998.

[20] Theodoulidis T P,Kriezis E E. Impedance Evaluation of Rectangular Coils for Eddy Current Testing of Planar Media[J]. NDT&E International,2005,35:407 – 414.

[21] Alan R,Bob C. Alternating Current Field Measurement:Get New Technologies Accepted by Old Industries[J]. By Review of development in ACPD and ACFM. British Journal of NDT,2002.

[22] 陈建忠,史耀武. 无损检测交变磁场测量法[J]. 无损检测,2001,23(3):96 – 99.

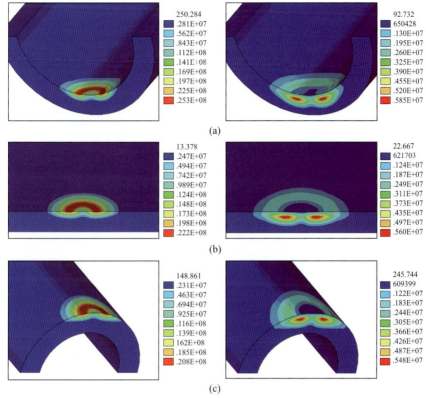

图3-2 导体内部感应涡流密度的彩色云图($l_1=0.5$mm)
(1/2剖面表示,左:实部;右:虚部)
(a)凹面,$L_{cav}=4r_2$;(b)平面,$L_{pla}=\infty$;(c)凸面,$L_{vex}=4r_2$。

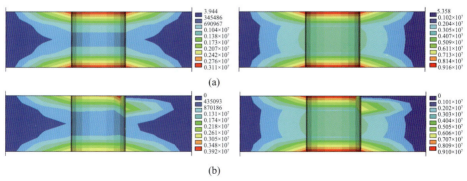

图4-7 盘孔附近横截面上涡流密度分布的彩色云图(局部放大)
(左:实部;右:虚部)
(a)无裂纹时;(b)有裂纹时。

1

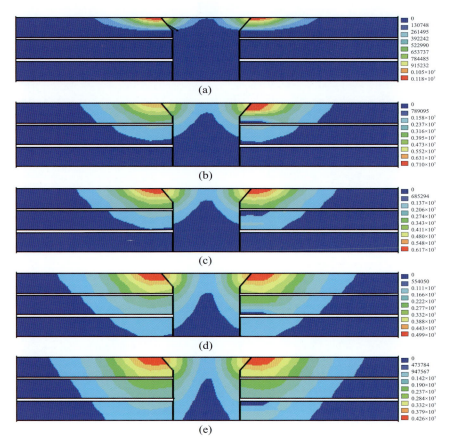

图 6-3 铆钉孔附近不同深度上裂纹对脉冲涡流分布的扰动（局部放大）

(a) $t=0.006\text{ms}$，无缺陷；(b) $t=0.05\text{ms}$，有缺陷（$h_c=1.0\text{mm}$）；(c) $t=0.05\text{ms}$，有缺陷（$h_c=1.7\text{mm}$）；
(d) $t=0.095\text{ms}$，有缺陷（$h_c=2.7\text{mm}$）；(e) $t=0.095\text{ms}$，有缺陷（$h_c=3.4\text{mm}$）。

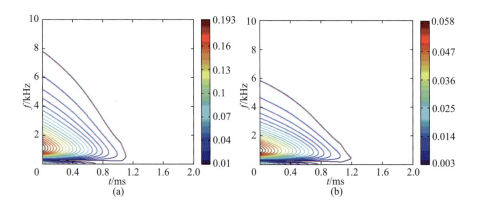

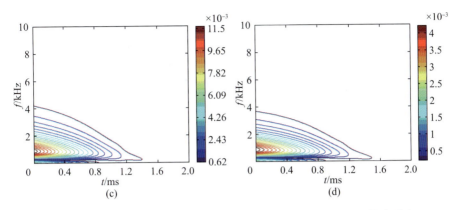

图 6-4 裂纹信号 $\Delta \xi_c$ 的时频分布(平滑伪 Wigner-Vill 分布)

(a)第一层下表面,$h_c = 1.0$mm;(b)第二层上表面,$h_c = 1.7$mm;
(c)第二层下表面,$h_c = 2.7$mm;(d)第三层上表面,$h_c = 3.4$mm。

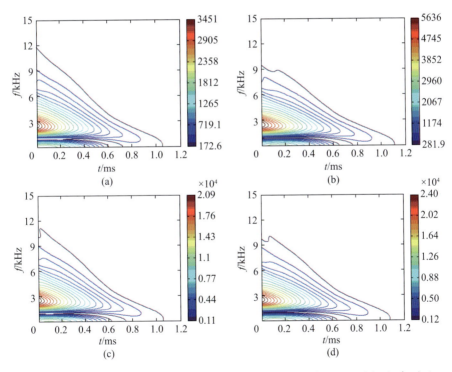

图 6-7 提离信号 $\Delta \xi_l$ 和混杂提离干扰的缺陷信号 $\Delta \xi_{l+c}$ 时频分布对比
(平滑伪 Wigner-Ville 分布)

(a)$\Delta \xi_l, l_1 = 0.2$mm;(b)$\Delta \xi_{l+c}, l_1 = 0.2$mm;(c)$\Delta \xi_l, l_1 = 0.6$mm;(d)$\Delta \xi_{l+c}, l_1 = 0.6$mm。

3

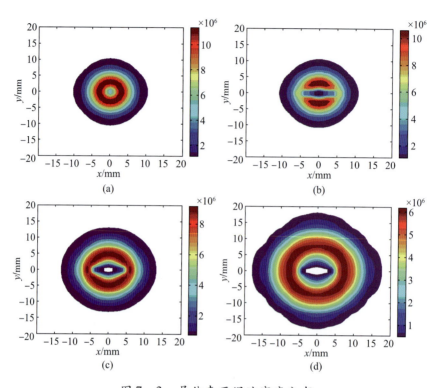

图7-3 导体表面涡流密度分布

(a)无缺陷时;(b)缺陷大于线圈外径;(c)缺陷约等于线圈外径;(d)缺陷小于线圈外径。

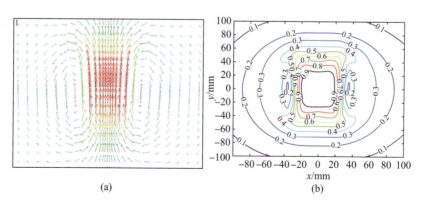

图7-10 感应涡流流向及密度分布

(a)涡流流动路径;(b)涡流密度等值线。

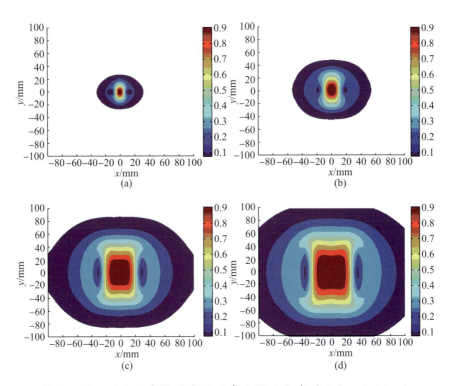

图7-12 不同尺寸激励线圈下感应涡流分布对比($t=0.26\text{ms}$)

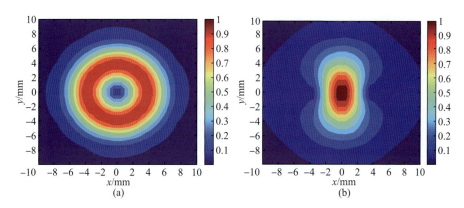

图7-13 圆柱形线圈不同放置方式下感应涡流对比

(a)垂直放置;(b)水平放置。

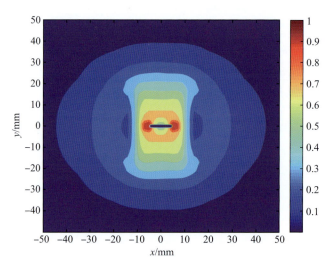

图7-14 缺陷存在时对感应涡流分布的扰动

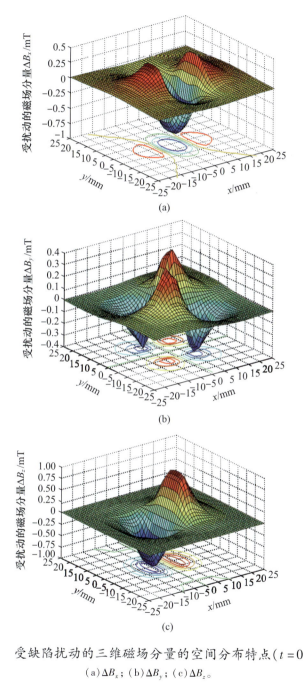

图 7-16 受缺陷扰动的三维磁场分量的空间分布特点($t=0.48\text{ms}$)
(a) ΔB_x;(b) ΔB_y;(c) ΔB_z。

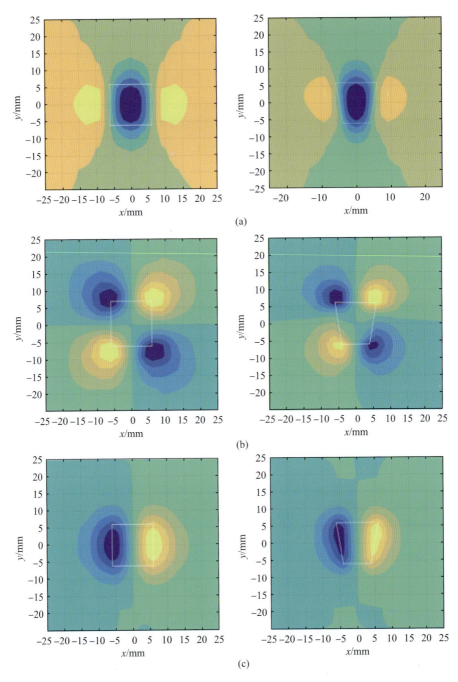

图 7-17 受不同形状缺陷干扰的磁场空间分布
(a) ΔB_x; (b) ΔB_y; (c) ΔB_z。

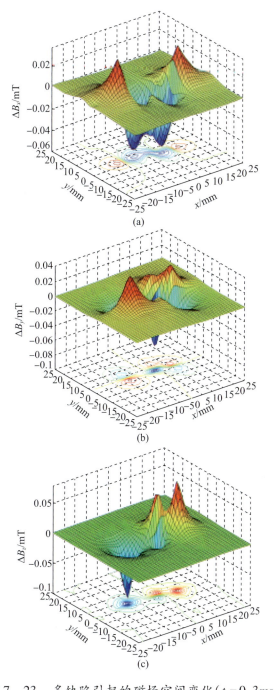

图 7-23 多缺陷引起的磁场空间变化($t=0.3\text{ms}$)

(a)ΔB_x;(b)ΔB_y;(c)ΔB_z。

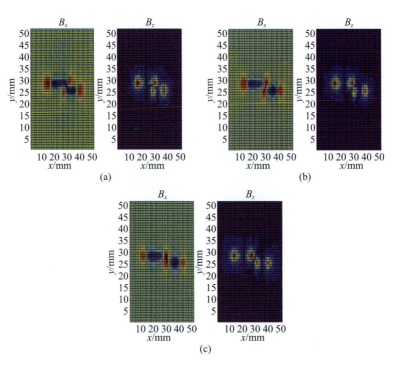

图 7-24 两个缺陷相互位置发生变化时磁场空间分布

(a) 重叠,$D_i = -3$mm; (b) $D_i = 0$; (c) 间隔,$D_i = 3$mm。